U0744751

中华经典生活美学丛书

《酒谱》之中国酒道

顾作义　编著

暨南大学出版社
JINAN UNIVERSITY PRESS

中国·广州

图书在版编目（CIP）数据

《酒谱》之中国酒道 / 顾作义编著. -- 广州：暨南大学出版社，2025. 5. --（中华经典生活美学丛书）.

ISBN 978-7-5668-4115-5

Ⅰ. TS971.22

中国国家版本馆 CIP 数据核字第 202568LG90 号

《酒谱》之中国酒道

《JIUPU》ZHI ZHONGGUO JIUDAO

编著者：顾作义

出 版 人：阳 翼
策划编辑：周玉宏 黄 球
责任编辑：周玉宏 刘雅颖
责任校对：黄亦秋
责任印制：周一丹 郑玉婷

出版发行：暨南大学出版社（511434）
电 话：总编室（8620）31105261
营销部（8620）37331682 37331689
传 真：（8620）31105289（办公室） 37331684（营销部）
网 址：http://www.jnupress.com
排 版：广州良弓广告有限公司
印 刷：广东信源文化科技有限公司
开 本：890mm×1240mm 1/32
印 张：8.25
字 数：125 千
版 次：2025 年 5 月第 1 版
印 次：2025 年 5 月第 1 次
定 价：78.00 元

总序

俗话说："爱美之心，人皆有之。"在物质生活得到满足以后，人们开始追求美好的、幸福的生活。在中国传统美学的滋养下，中国人的生活方式处处呈现美，在体验美、创造美的历程中，也逐渐形成了独特的生活美学。

生活美学是一种具有审美情趣的生活哲学，是追寻美好生活的幸福之学，也是追求身心健康的生命之学。生活美学植根于生活的沃土，每个人首先是求"生"，然后再求"活"。"生"本为生长、成长以及生命的生生不息，终极则为蓬勃的生命力，其根基是"生存"。"活"则是生命的状态、生活的质量，是指活力、快乐和情趣，最终指向人生的价值和生命的质量。要过上"好的生活"和"美的生活"，涉及生活美学的三个维度：一是从"俗"的生活上升到艺术的境界，变成"雅"的生活；二是从满足生存的需要上升到精神的享受；三是从追求经济价值转化为追求情感价值与文化价值。由是，美学家认为生活美学是衡量社会发展的标杆和尺度之一。

中国的先贤善于从生活的各个层面去发现、品味生活之美，享受生活之乐，他们运用中华文化的智慧，创造了活色生香、富有情趣的生活美学。这从中国古代典籍中也可窥见，如袁枚的《随园食单》、陆羽的《茶经》、窦苹的《酒谱》、陈敬的《陈氏香谱》、张谦德的《瓶花谱》、袁宏道的《瓶史》，即是对中国生活美学的精辟总结，给我们展示了一幅幅美好、优雅的生活图景。"一瓯春露香能永，万里清风意已便。"今人常叹现代生活被机械程式消解了诗意，却不知先贤早已在寻常的生活中镌刻着生命的韵律。袁枚在《随园食单》中记录的不仅是三百余道佳肴，更是一幅以舌尖为笔、以烟火为墨的审美长卷。他教人辨别"清者配清，浓者配浓"的调和之道，恰如文人作画的墨色层次。陆羽笔下的《茶经》，从炙茶时"持以逼火"的专注，到分茶时"焕如积雪"的观照，处处彰显着日常仪式中的艺术自觉。窦苹《酒谱》中的"蒲桃、九酝"，在陶瓷中酝酿的不仅是醇香，更是时间与空间交织的哲学。陈敬在《陈氏香谱》中介绍了八十种香品以及闻香、配香的方法，不但让人闻香通窍，而且让饮食更加美味，使人精神更加清爽，把典雅的香文化融入人们的生活。张谦德、袁宏道在《瓶花谱》《瓶史》中，告诉我们品花、插花要讲究色、香、味、形、韵，也引导我们在花开花谢中感悟生命中的四季更替，追求生活中的灿烂和希望。这些典籍告诉我们：生活之美不在蓬莱仙境，而在杯盘碗盏间，在流淌的时光里，可谓人间烟火皆成韵。

中国生活美学如织锦般呈现出四重维度：其经线为道、器、术、法之统合，纬线乃精神、价值、情趣、艺术之交融。袁枚在《随园食单》中提炼出"饮和食德"的审美精神，可以称为饮食之道的要义，同时，他又详尽地介绍了选材、洗刷、刀工、火候等厨艺。窦苹在《酒谱》中把"温克""诚失"作为饮酒的最高境界。"温克"追求的是身心和谐、人际和美，讲究的是适量、适度、适境；"诚失"揭示的是酒品如人品，要力求温文尔雅，以健康为重。陈敬《陈氏香谱》中记载的"四合香"，以沉香为君，檀香为臣，佐以龙脑、麝香，恰似审美精神中主次有序的哲学架构。张谦德《瓶花谱》强调"春冬用铜，秋夏用磁"，这不仅是择器的智慧，更是对器物与时空对话的深刻理解。袁宏道在《瓶史》中提出的"花快意凡十四条"，将插花升华为心灵与自然的唱和艺术。这些经典共同诠释着道不离器的实践智慧，术不违法的创造法则，法不悖艺的审美升华，精神引领生命的价值追求，情趣不碍实用的生活哲学。

中华经典生活美学跨越时空，映照今朝，魅力无穷。现代茶室中，人们仍遵循《茶经》"三沸辨沫"的古法；酒楼食肆里，《随园食单》的"戒耳餐"理念成为美食评判准则。这印证着经典美学超越时空的生命力。

"中华经典生活美学丛书"撷取中华文明五大门类的六部生活美学经典，如同开启五扇雕花轩窗，用"四维解读法"重审典籍，从《随园食单》感悟如何吃出美味，吃出健康；从《茶经》感知人与器如何在茶烟轻扬时达成天人合一；从《酒谱》看审美精神如何在觥筹交错间铸就文化品格；从《陈氏香谱》悟价值体系如何在氤氲之气中构建精神秩序；从《瓶花谱》《瓶史》观察生活情趣如何在枝叶扶疏处涵养生命境界。这种解读不是简单的复古，而是让传统智慧在当代语境中焕发新生。

学习、普及、研究中华经典美学，追求的是生活的诗意栖居。我们可依照《随园食单》研制"素火腿"，在豆制品中追寻山珍的韵味；我们可模仿《茶经》复原唐代煮茶法，让风炉炭火映亮都市夜空；我们可从《酒谱》"强身之饮"中得到启发，以中药为君，以美酒为使，调制出养生之饮；我们可活用《陈氏香谱》"香事九品"的品鉴体系，构建当代嗅觉美学的认知框架；我们可效法《瓶史》

"花目十二客"的拟人化审美，为现代居室陈设注入人格化情趣。这些实践印证着：经典生活美学的现代转化，关键在于把握"器以载道"同"与时俱进"的平衡。这种创造性转化，使古典美学成为照亮现代生活的北斗。

"中华经典生活美学丛书"共五册，包括《〈随园食单〉之中国味道》《〈茶经〉之中国茶道》《〈酒谱〉之中国酒道》《〈陈氏香谱〉之中国香道》《〈瓶花谱〉〈瓶史〉之中国花道》。如今，提升审美已经成为追求高品质生活的标志，成为民众共享文化艺术盛宴的一种"社会福利"。这套丛书犹如五枚棱镜，将中国古老的智慧折射成七彩的生活乐谱。愿读者在饮食、煮茶、品酒、闻香、插花中重识东方美学的真味，找回中国人的生活美学，让每一个平凡的日子都谱写成诗篇，弘扬中华美学精神，过上有滋味、有品位、有趣味的生活！

作者于广州

2025 年 1 月

目　录

绪

论

在中国四大名著中，写酒最多，且写得最精彩的要数《三国演义》，粗略统计，写酒有 319 次之多。小说一开始就用"酒词"拉开了故事的序幕：

滚滚长江东逝水，浪花淘尽英雄。是非成败转头空。青山依旧在，几度夕阳红。白发渔樵江渚上，惯看秋月春风。一壶浊酒喜相逢。古今多少事，都付笑谈中。

一壶浊酒，谈古论今，笑谈历史，笑谈人生，群雄争霸，英雄辈出，世事纷争，分分合合，合合分分，是非成败都成为茶余饭后的笑谈。小说以酒为道具，生动刻画了人物的形象、性格，推动了故事情节的发展，其中，"关羽温酒斩华雄""曹操煮酒论英雄""张飞诈醉擒刘岱""群英会蒋干中计""关云长单刀赴会"等情节，更突出了酒在政治、军事斗争中得到了出神入化的运用。

酒，在中华文明发展的长河中，历史悠久、光彩夺目。六千年前，人类还处于蒙昧的状态，世界一片荒蛮，而酒却已悄然而生，酒的酿造技术已出现。酒，经过历代智者的提炼、升华，形成了种类繁多的酒品，制造了精美夺目的酒器，逐步形成了饮酒的礼仪规范，催生了独树一帜的艺术作品。酒，成为中华物质文明发展的标识之一，成为满足人类精神需要的滋养品和媒介物，诞生了独具特色的中国酒文化。

酒，是粮食的精华，是含乙醇（酒精）的饮料，又是一种能使神经兴奋的饮品，可谓神奇之至。酒和茶作为中国饮食文化的两大饮品，在饮食文化中占有重要的地位。"琴棋书画诗酒茶"，酒成为文人雅士养生和享受高雅生活不可缺少的琼浆玉液。

白酒、果酒、米酒、黄酒、药酒、啤酒……滴滴浓香，沁人心脾，开启灵光，激发浓情，人们把它奉为至宝。敬天祭祖、庆生庆典用它；出门送别、归来接风用它；金榜题名、升学升职用它；舒筋活血、滋阴壮阳用它……古代上至帝王将相，中至文人雅士，下至平民百姓，无不对酒兴味盎然。

今天，酒，走进寻常百姓家，人们喝的不仅仅是"酒"，同时喝的是一种感情。酒礼已成为酒文化的一种底色。"无酒不成礼，无酒不成宴，无酒不见情，无酒不成欢"，酒礼早已成为一种习俗。在人生的礼俗中离不开酒，添丁有"满月酒""周岁酒"；上学有"拜师酒"；婚姻有"定亲酒""订婚酒""结婚酒"；开业有"庆贺酒"；祝寿有"祝寿酒"；纪念先人有"祭祀酒"；送别客人有"饯行酒"。办红白喜事都离不开酒，甚至犯人行刑前也要来一碗"送行酒"。总之，饮酒的名目花样很多，令人眼花缭乱，而礼仪规范也日益繁多。

酒既是人际交通的媒介，又是政治、军事斗争的工具，项羽设下"鸿门宴"，在酒宴的背后暗藏杀机；刘邦衣锦还乡高唱《大风歌》，在觥筹交错中表现其踌躇满志；曹操"煮酒论英雄"，以酒试探刘备的志向；赵匡胤"杯酒释兵权"，用酒卸去压在心头的大石，正所谓："皇图霸业谈笑中，不胜人生一场醉！"

酒是一个变化多端的精灵，以其独特的功能一直影响着人们的精神与文化生活。人们的个性、思想、情感、风格、行为等，无不渗透着酒的芳香。酒与文学艺术结下了不解之缘，无数文人雅士在酒的激发下，创作了一批批脍炙人口的诗、词、歌、赋、文、曲、书、画。李白吟唱出了剑气纵横的"豪放酒"，杜甫吟唱出了彷徨无助的"忧国酒"，"饮中八仙"的张旭吟唱出了笔走龙蛇的"神妙酒"，陶渊明吟唱出了隐逸淡泊的"逍遥酒"……酒，成为艺术家借以寄托理想、抒发情感、感怀人生的"催化剂"，并催生出了大量与酒相关联的艺术作品。酒在书画中飘香，在音乐中流淌，在诗文中宣泄，在舞蹈中飞扬，从此，酒从饮品上升为艺品、人品、神品，形成了中国饮酒的独特精神、风格、规范和习惯。

酒是一种神奇的物质，它吸收了天地之间金木水火土的精华，具有木之果、水之形、火之性、土之化、金之器、人之情，产生了无穷的魅力，浸润于社会生活的方方面面，影响着人们的灵魂和精神，被人们誉为社会交际的"润滑剂"、联络感情的"月下老"。酒常令恶者善，愚者灵，困者奋，强者扬其名。但是，酒又是一把"双刃剑"，人们对它真的是"爱恨交加"。因为它冷酷如冰又炽热似火，它柔软如棉又锋利如钢；它既使人才华横溢又使人放浪无形，它使人忘却烦恼也会引发忧思；它既可以使人潇洒自如地享受现代文明，又使人丧失理智铤而走险，甚至使人走上人生的歧途和绝路……酒既神秘又神奇，具有无限的诱惑力、想象力，带给人们愉悦和浪漫，又潜伏着危机和伤害，人们始终难以捕捉到它那深邃的底蕴，难以成为驾驭它的主人。这就需要饮者深谙中国酒道，化弊为利，从追求酒之用，上升到酒之雅、酒之德、酒之美，在享受美酒中开启美好人生的旅程。

那么，什么是中国酒道？"形而上者之谓道"，酒道主要指酒的本质、规律和饮酒的道德及行为规范，包括酒之源、酒之名、酒之功、酒之德、酒之韵等，当然，酒之技、酒之器也有关系，但这不是最主要的，故本书对酒的技巧和器具方面的论述较为简单。

对于中国酒道，不少中华经典都有论述。其中以宋人窦苹《酒谱》和朱肱《北山酒经》（又名《酒经》）为代表，而《酒谱》问世的时间更早一些，内容更丰富一些，堪称中国酒文化的经典文献。

《酒谱》作者窦苹，字子野，为北宋人，生卒年不详，是汶上（今山东汶上）人，在宋神宗时任大理寺详断官，哲宗元祐年间（1086—1094）任大理寺司直。他的名字来自《诗经·鹿鸣》："呦呦鹿鸣，食野之苹。"宋神宗元丰元年（1078），他因坚持秉公办案，得罪权臣，受到诬陷，蒙受不白之冤，不但被罢官，而且还受到肉体的折磨。"相州之狱案"事件之后，他开始著述《酒谱》，以抒发心中的悲愤，他说自己"见酒之苦薄者无新涂，以是独醒者弥岁"，他本想借酒消融心中块垒，但忧忧相接，不可断绝，连酒都无法令他麻木。

《酒谱》著于宋神宗之时，分为内、外两篇。内篇讲述饮酒缘起、趣闻和礼仪，外篇讲述酒器、异域酒、酒令等。

何谓《酒谱》？"谱"就是依照事物类别或系统撰写编成的书籍。《说文解字》言部："谱，籍录也。"《释名》云："谱，布也，布列见其事也亦曰绪也，主叙人世类相继，如统绪也。"《酒谱》就是记载与酒相关的史、人、事、理、道的书籍。

《酒谱》一书围绕酒这一主题，品读酒之品、人之奇、事之趣，记叙理之义、道之法，旁征博引，遍及经、史、子、集四部，内容丰富。单就经部而言，涉及的经典就有《尚书》《诗经》《周礼》《左传》《孟子》《尔雅》《说文》《释名》等。《酒谱》一书基本上道遍了中国酒道的内涵，细细品读，可领略中国酒道的精义。

（清）孙温《酒散暇游观鱼下棋》

窦苹的《酒谱》关于酒文化的内容十分丰富，主要包括以下几个方面：

酒的起源：《酒谱》探讨了酒的起源，认为它是智者创造的，被后人继承下来。

酒的名字：书中提到，因为酒的可爱，无论人的地位高低、素质优劣，也无论是内地边疆，人们普遍被酒的美味吸引而喜欢饮酒，因此酒的叫法有很多。

酒的故事：收录了与酒相关的名人轶事和历史故事，如南北朝时北齐的李元忠"宁无食，不可无酒"的爱酒千古名言。

酒的分类与性味：对酒进行了分类，并探讨了酒的性味和功效，如"酒虽能胜寒邪，通和诸气，苟过则成大疾"。

饮酒的礼仪与道德：强调了饮酒的礼仪和道德规范，如"善饮而温克"（喜好饮酒，不管适量还是过量，都要平和而克制，不乱性、守礼仪）、"酒不可尽"、"以酒乱言，常为戒"等。

酒的文化地位：展现了酒在中国古代文化生活中的重要地位，涉及祭祀、庆功、日常饮宴等多个方面。

《酒谱》通过这些内容，全面而深入地展示了北宋以前中国酒文化的博大精深。《酒谱》是中国酒道文化中的重要组成部分，对中国酒道的形成和发展产生了深远的影响。例如：

汇集酒文化：《酒谱》选取有关酒的故事、掌故、传闻，内容丰实，可以说是对北宋以前中国酒文化的汇集，有较高的史料价值，为后世研究中国酒道提供了宝贵的资料。

传承酒文化：《酒谱》中记载了酒的起源、名称、历史，名人酒事，酒的功用、性味、饮器、传说，饮酒的礼仪，以及关于酒的诗文等，这些内容被后世不断传承和发展，丰富了中国酒道的内涵。

弘扬酒道精神：《酒谱》中体现了古人对酒的热爱和讲究，以及对饮酒礼仪和道德规范的重视，这些精神在中国酒道中得到了进一步弘扬和发展。

《〈酒谱〉之中国酒道》以《酒谱》为范本，通过对《酒谱》文本的研究，展示酒之源、酒之名、酒之功、酒之德、酒之趣、酒之韵等酒的本质、规律以及饮酒的道德和行为规范，探究《酒谱》对中国酒道内涵的回答，解读中国酒道的核心精神和现代价值。

第一讲

酒之源：
『智者作之』『后世循之』

酒

对于酒的起源，众说纷纭，有依据典籍的，也有依据传说的，谁是谁非，莫衷一是。《酒谱》第一篇"酒之源"对此作了回答：

取酒

世言酒之所自者，其说有三。其一曰：仪狄始作酒，与禹同时。又曰尧酒千钟，则酒始作于尧，非禹之世也。其二曰：《神农百草》著酒之性味，《黄帝内经》亦言酒之致病，则非始于仪狄也。其三曰：天有酒星，酒之作也，其与天地并矣。

窦苹在这里说：说起酒的起源，世间有三种说法。第一种说法是，仪狄最早造酒，他与大禹是同时代人；又说尧能饮酒千盅，如此说来，酒创制于尧时，而非禹的时代。第二种说法是，《神农百草》记载了酒的特性和味道，《黄帝内经》也说酒会引起疾病，因此，酒并非仪狄所创造。第三种说法是，天上有酒星，因此，酒的由来与天地一样久远。

东晋前秦诗人赵整在《酒德歌》中曰："地列酒泉，天垂酒池。杜康妙识，仪狄先知。"酒的存在，上应天文，下合地理，可谓天造地设，是人间的杜康、仪狄慧眼先识酒的妙处。

《北山酒经》："酒之作尚矣。仪狄作酒醪，杜康秫酒，岂以善酿得名，盖抑始于此耶？"朱肱认为酿酒的技术起源很早。仪狄酿造浊酒，杜康酿造秫酒，他们难道是因善于酿酒而闻名的吗？朱肱认为仪狄、杜康二人是酒的最早发明者。

窦苹总结了历史上的各种说法，并提出了自己的观点。根据窦苹《酒谱》内容，可概括酒的起源。

酒的起源

关于酒的起源，在古代的典籍里有四种说法，下面展开略作分析。

一、"仪狄造酒"说

科学研究表明，酒既不是上帝的恩赐，也不是圣贤灵感的造化，而是多种物质在大自然的环境中催生变化的结果。在自然界的许多植物中，有一部分是富含糖分的植物，它们开花结果，果实成熟后，洒落在草丛中、树林里，在适宜的气温下，开始发酵，久而久之就形成了"酒"，可见酒是自然的产物。

据酒史专家的考证，酒作为人类的饮品，始于原始社会，最早出现的酒是自然发酵的果酒，有"山猿造酒"之说，所讲的即水果自然发酵的酒。而人们真正以谷物为材料酿酒，距今已有七千多年的历史。人们把"仪狄造酒"作为造酒的真正开端。

"仪狄造酒"说认为仪狄是造酒的始祖，这是以典籍的记载为依据的。典籍中多处有仪狄"作酒而美""始作酒醪"的记载。

《吕氏春秋》载："仪狄作酒。"《世本》卷一曰："仪狄始作酒醪，变五味。"《战国策》中有云："昔者，帝女令仪狄作酒而美，进之禹，禹饮而甘之，遂疏仪狄，绝旨酒，曰：'后世必有以酒亡其国者。'"这段记载说：禹的女儿，令仪狄去监造酿酒，仪狄通过一番努力，做出来的酒味道很好，于是进献给禹品尝。禹喝了之后，感到的确很美味。但是，禹怕自己沉迷于美酒，不但没有嘉奖造酒有功的仪狄，反而因此疏远了他；禹不但对仪狄不再信任和重用，自己也和美酒绝了缘，还说："后世必然会有因为饮酒无度而误国的君王。"

但是，应指出的是古籍也有与此相矛盾的记载。比如孔子八世孙孔鲋，说帝尧、帝舜都是酒量非常大的君王。黄帝、尧帝、舜帝，都早于禹，那么善于饮酒的尧和舜，他们饮的酒又是谁酿造的呢？窦苹提到

《神农百草》中记载了酒的特性和味道，《黄帝内经》中也说酒会引起疾病，可知在神农氏和黄帝的时代就已经有了酒。由此可见，禹的臣属仪狄"始作酒醪"的说法是不太准确的。仪狄是一位善酿美酒的大师，他总结归纳了前人的经验，完善了酿造方法，终于酿出了质地优良的酒，这种可能性还是很大的。因此，郭沫若说："相传禹臣仪狄开始造酒，这是指比原始社会时代的酒更甘美浓烈的旨酒。"[①] 这一说法认为酒在尧的时代早已出现，仪狄只不过是造出了味道更加香浓的美酒。"旨酒"亦即美酒，《诗经·小雅·鹿鸣》："我有旨酒，以燕乐嘉宾之心。"意思是说，我有琼浆美酒，可使贵宾沉醉乐开怀。后世传曰："酒之所兴，肇自上皇，成于仪狄。"

二、"杜康造酒"说

这种说法的依据是传说，加上曹操所写的诗文的

---

① 陈君慧主编：《中华酒典》，哈尔滨：黑龙江科学技术出版社2012年版，第6页。

渲染，这一说法广泛流传且影响深远。中国人为了体现每个行当源远流长，具有师承关系，都会寻找一个"祖师爷"，作为供奉、祭拜的对象，如屠夫的祖师为樊哙，养牛的祖师是冉伯，木匠的祖师是鲁班，厨师的祖师是庖丁，茶艺的祖师是陆羽，而造酒的祖师则是杜康。

杜康，字仲宁，据说是陕西白水县康家卫人，善造酒。康家卫村边有一条大沟，长约十公里，最宽的地方有一百多米，最深处也将近百米，人们称它为"杜康沟"。沟的起源处有一眼泉，周围绿树环绕，草木丛生，名为"杜康泉"，县志上记载"俗传杜康取此水造酒"，"乡民谓此水至今有酒味"。清流从泉眼中汩汩涌出，沿着沟底流淌，最后汇入白水河，人们把它称为"杜康河"。杜康正是凭借这一泉水造出了好酒。

晋代江统写过《酒诰》一文，其中写到，杜康"有饭不尽，委余空桑，郁积成味，久蓄气芳，本出于此，不由奇方"。这是说杜康把没有吃完的饭放置在桑园的树洞里，剩饭在洞中发酵后，有芳香的气味溢出。这一说法认为杜康是在无意中发明了酒。

《杜康纪闻》记载了造酒的"五齐六法"，据说这是杜康酿酒的秘方。他要求造酒用的黑秫要成熟，投曲要及时，浸煮要清洁，要取用山泉之水，酿酒器物要优良，火候要适当。

《说文解字》说："古者少康初作箕帚、秫酒。少康，杜康也。"许慎认为杜康是"秫酒"的创始人。秫，即高粱。按此说法，杜康可能是高粱酿酒的创始人。

杜康被认为是酿酒的始祖，又因曹操的《短歌行》而广为流传。曹操诗云："对酒当歌，人生几何？譬如朝露，去日苦多。慨当以慷，忧思难忘。何以解忧？惟有杜康。"在曹操这首诗里，既有"借酒消愁"的伤感情绪，又有英雄志在千里的豪迈气概。从此，杜康善酿酒之名广为传颂，逐渐为人们所推崇。

但是，杜康生于禹的时代，如果认同杜康造酒这一说法，那么在此以前就已经有的"尧酒千钟"之说无法解释。如果说酒是由杜康所创，那么，尧喝的又是什么人酿造的酒呢？可见，这种说法也不太准确。

三、"酒星造酒"说

这一说法把"酒祖"归于天上的酒星、酒神。在《周礼》中有关于"酒旗星"的记载，古人认为天上有一颗"酒旗星"，主宰人间的饮食，酒即由其所作。李白在《月下独酌·其二》一诗中有"天若不爱酒，酒星不在天"的诗句。"诗鬼"李贺，在《秦王饮酒》一诗中也有"龙头泻酒邀酒星"的诗句。这说明"酒星"是诗人浪漫主义的想象，缺乏科学依据，纯粹是一种文学想象而已，不能当真。对"酒星造酒"说，窦苹给予了批驳，他说："予谓星丽乎天，虽自混元之判则有之，然事作乎下而应乎上，推其验于某星，此随世之变而著之也。如宦者、坟墓、弧矢、河鼓，皆太古所无，而天有是星，推之可以知其类。"窦苹说，虽说自开天辟地以来，星星就散布在天上，但世间出现了某种事物，上天就会有所感应，将其经验推于某颗星，这种事物是随时间的变化而变化的。比如宦者、坟墓、弧矢、河鼓这些事物，上古时代都没有，但代表着这些事物的星星都是早就存在于天空中的。照此道理推论，就可以知道酒与酒星的关系了。由此可见，窦苹秉持唯物主义的思维方式，坚持科学和严谨的治学态度，并不认同"酒星造酒"之说。

四、"智者作之"说

除了以上三种说法以外，还有猿猴酿酒说，这个传说说的是山中猿猴嗜酒，常采花果置于石洼之中，待其自然发酵，酝酿成酒。明人李日华在《紫桃轩又缀》中记载了黄山上的猿猴于春夏时节采摘花果于石洼中，酿造成酒的故事。以上说法都是基于传说，缺乏历史事实的佐证和科学的依据。

那么，酒的始祖是谁呢？窦苹说："予谓智者作之，天下后世循之而莫能废。"窦苹认为酒是智者创造的，后人承袭下来，无法将其废止。据科学的考证，酒是天然的产物。酒不是人类发明的，而是被人类发现的。科学家们经过考察，发现在自然界中确实有酒精的存在。自然界中谷物所含淀粉在酶的作用下，逐步分解成糖分、酒精，最终转变成谷物酒，特别是水果，很容易转化产生酒。因此，可以说酒是自然界的天然产物，是劳动人民在天长日久的劳动实践中发现和创造的，经过有知识、有远见的"智者"的提炼、完善，后代人根据先贤传下来的办法加以传承创新，从而造出了不同种类的酒品。这个说法比较接近事实，也是符合唯物主义认识论的一种观点。

酒作为被智者发现并完善的一大饮料，经历了一个漫长的过程，仪狄、杜康等均为"智者"，他们在酒的酿造中起着关键的作用。我们没必要去追寻酒的始祖为谁，窦苹用"智者所作"，回避了各种争论。

（唐）高士宴乐纹嵌螺钿铜镜

（唐）孙位《高逸图》

不过，如果一定要讲酒的祖师爷是谁的话，非杜康莫属。这是因为杜康的相关传说已经深入人心，其中最有影响的是"杜康美酒，醉伶三年"。这个故事说的是，魏晋时期的"竹林七贤"之一的刘伶，以好喝酒、能喝酒闻名，到处游历、喝酒。

一次，刘伶游历到杜康的酒坊门前，看到大门上写着一副对联：

猛虎一杯山中醉

蛟龙两盏海底眠

　　刘伶见此不以为然，连喝三盏。三杯酒下肚，刘伶说："头杯酒甜如蜜，二杯酒比蜜还甜，三杯酒喝下，只觉天也转，地也旋，眼发蓝，桌椅板凳，盆盆罐罐把家搬。"据说，刘伶从此昏睡三年。刘伶醒后嘴里连声叫道："杜康好酒，杜康好酒！"后人曾为此事作诗云：

天下好酒数杜康，
酒量最大数刘伶。
饮了杜康酒三盏，
醉了刘伶三年整。

当然，这只是民间的传说而已，他们两个人并非同一朝代的人。传说穿越时空，不外是想说杜康造酒之能，以及刘伶饮酒的海量而已。正是因为有了这些传说，杜康的名气也越来越大，人们也就认为酿酒的祖师爷是杜康了。

酒，作为一种特殊的饮品，其诞生与发展丰富了人们的物质生活，成为物质文明发展的标志之一，同时它又成为人们解忧、壮胆、提神、助兴、待客的饮品，成为满足人类精神需要的滋养品和媒介物。

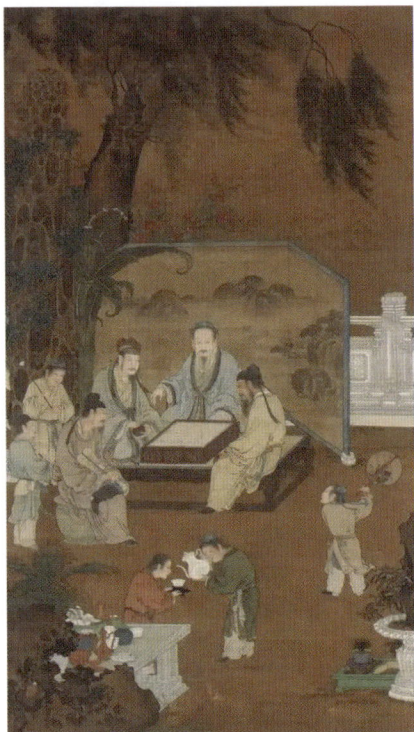

（宋）佚名《十八学士图》（局部）

第二讲

酒之名：

『酿之米曲』『酉绎而成』

《酒谱》专门有一章对"酒之名"作了考证。这些与酒相关的字都包含着丰富的思想内涵，一定程度上也是对酒道的阐述。

　　《酒谱·酒之名》："《春秋运斗枢》曰：'酒之言乳也，所以柔身扶老也。'许慎《说文》云：'酒，就也，所以就人性之善恶也。一曰造也，吉凶所造起。'《释名》曰：'酒，酉也。酿之米曲，酉绎而成也，其味美。亦言踧踖也，能否皆强相踧持也。'"

　　这段话的意思是说，《春秋运斗枢》说："酒指的是乳汁，是用来滋润身体，扶助老人的。"许慎《说文解字》称：酒，就是"就"，是用来成就或造就人性的善良和丑恶的饮料；另一义说是"造"，它是引发人事吉凶的原因。《释名》称："酒，就是'酉'，它用米曲酿造，酿造精熟的酒，时间越久，味道越甘美；也有称其为'踧踖（cù jí）'，即有恭敬不安之义，不管能喝不能喝的人，都恭敬地对待。"窦苹在这里讲了什么是酒的内涵，是为了阐述酒的特性。

《北山酒经》："酒甘易酿，味辛难酝。《释名》：'酒者，酉也。'酉者，阴中也，酉用事而为收。收者，甘也。卯用事而为散。散者，辛也。酒之名，以甘辛为义。金木间隔，以土为媒。自酸之甘，自甘之辛，而酒成焉。"意思是说，酒的甘甜之味易酿，而辛辣之味则难酿。《释名》称，酒就是酉的意思。酉，指秋天。春发、夏长、秋收、冬藏。此时节酿酒能使酒性收敛。卯月酿酒，能使酒性发散，散酒味就会辛辣。所谓酿酒，是以甘辛转化为要义的。五行中金、木相隔，以土为媒介，从酸变甘，再由甘到辛，于是酒就酿成了。这段话讲了几层意思：一是酒的材料来自秋天收获的五谷；二是酒的酿造是金、木、水、火、土共同作用的结果；三是酒的味道变化是从酸到甘，由甘到辛。辛的味道主"发散"，人们喝酒之后热血沸腾，大汗淋漓，这就是酒的发散功能。

关于酒的概念界定，《春秋运斗枢》是从酒的功用角度去概括，《说文解字》是从读音的角度去概括，《释名》的概括比较准确，把酒的酿造方式、味道及作用作了全面的表述，这是最准确的概括。

　　与"酒"字相关的汉字是一个庞大的族群，粗略地计算有上百个之多，大致描述了酒的种类、酒的酿造方法、酒的饮用等，这些汉字浸润在历史中，散发着风雅，蕴藏着文化，酒的衍生品以及人饮酒的情状构成了"酒圈"里的人生百态，含义深刻，趣味横生，魅力无穷。这些相关的汉字可以写成一本书，本讲选取比较常见的汉字作一些介绍。

（明）佚名《十三耋老宴饮图》

一、"酒"字的解读

"酒"字的字形演变：

甲骨文　　　金文　　　小篆

隶书　　　　楷书　　　行书　　　草书

"酉"，是"酒"的本字。甲骨文字形像一个酒坛的样子，后来加了三点水，酿酒离不开水，酒是一种液体，"酒水"加上"酒坛"，象征浓厚的酒香扑鼻而来。

金文的"酒"字，字形就是一个装酒的瓶子，口小、肚大、底尖。

篆书的"酒"字，加上了水。左边"水"为液体，右边"酉"为酒器的象形。"水"加"酉"为"酒"，意为酒器中的液体。

《说文解字》酉部中解释："酉，就也。八月黍成，可为酎酒。象古文酉之形。"意为"酉，成熟。酉代表八月，这时黍成熟，可以酿制醇酒。像古文酉的样子"。八月是金秋时节，粮食丰收，可用五谷酿造美酒，用美酒庆祝丰收，寄托人们祈求风调雨顺、五谷丰登的美好愿望。酒的本义是一种用粮食或水果发酵制成的含乙醇的饮料。酒的种类很多，有白酒、黄酒、果酒、药酒等多种类型。

果酒，是以果实为原料酿造的各种饮料酒的总称。我国果酒酿造历史悠久，古籍中关于果酒的记载颇多，其酿造工艺大体分为混合发酵法和分离发酵法两种。

果酒因选用的果实原料不同而风味各异，但都具有其所用原料果实的芳香。果酒中含有原料果实的营养成分，如糖类、有机酸和各种维生素等。果酒品类繁多，有葡萄酒、山楂酒、苹果酒、杨梅酒、荔枝酒、菠萝酒、桑葚酒等。

中国是世界上酿酒最早的国家之一，酿酒已有六千多年的历史，形成了独特的酒文化，酒成为中华文明的有机组成部分。酒是美好的象征，是表达心意、寄托情感的媒介，是防病健身、保健养生的珍品，在长期的社会生活中，形成了酒以成礼、酒以载欢、酒以忘忧、酒以壮怀、酒以治病、酒以养生的独特功能。酒又多与奢华的生活相关联，如"酒池肉林"形容纣王穷奢极欲；"花天酒地""朱门酒肉臭，路有冻死骨"形容富人奢靡的生活。酒喝多了，大则亡国，小则误事，所以，人不能做"酒色之徒"，应当力戒"酒色财气"。古人认为嗜酒、好色、贪财、斗气为人生四种祸源。

从"酒"这个字的形、音、义，可以看到其中所包含的文化信息：

酒是一种液体饮料，需由好水酿就。"酒"字的三点水（氵）表示水，好的酒是经过多次蒸馏的液体提取的精华。酒的酿造对水的要求很高，只有上等的山泉水才能造出好酒来，故有"名酒必有佳泉"之说。同时，也象征酒香冲出坛子，沁人心脾。

酒要用酒器来贮存、装运。酒字，从酉。"酉"是酒器的字形。酒的字形，从甲骨文开始就将酒器包含其中。饮酒要酒器，盛酒也要酒器，在最初，盛酒的器皿有尊（樽）、觥、罍、壶等；饮酒的器皿有觥、爵、觚、觯、杯等。不过后来在实际生活中用得更多更广泛的，是壶、杯甚至碗。《水浒传》中武松上景阳冈前，喝那"三碗不过冈"的酒，用的就是碗。

　　造酒以粮食为原材料。许慎在《说文解字》酉部中说："八月黍成，可为酎酒。""黍"，是高粱的别称。杜康作秫酒，即杜康酿造了高粱酒。如果非要把仪狄或杜康确定为酒的创始人的话，那么只能说仪狄是黄酒的创始人，而杜康则是高粱酒的创始人。

　　酒具有成就功业和判别人性善恶的功能。《说文解字》酉部："酒，就也，所以就人性之善恶。"酒，造就人性的善恶，引发了人事的吉凶。许慎对酒有独特的见解，认为酒有双重性的功能，善恶兼具，吉凶皆能。关键在于饮酒者能否节制。酒本身并没有好坏之分，而从人们饮酒的行为上，却可以表现出不同的结果。适量饮酒有益于健康和人际和谐，相反，则会带来灾祸。

关于酒的叫法，还有代称。《酒谱·酒之名》："昔人谓酒为欢伯，其义见《易林》。盖其可爱，无贵贱、贤不肖、华夏戎夷，共甘而乐之，故其称谓亦广。"意思是说，前人将酒称为"欢伯"，其含义见于《易林》。因为它惹人喜爱，无论身份高低，是否贤良，华夏还是戎夷，都因其味甘美而喜爱饮酒，因此与之相关的称谓也很繁多。《易林》为西汉焦延寿所撰，又名为《焦氏易林》。《易林·坎之兑》："酒为欢伯，除忧来乐。"酒为人消除了忧愁，带来了快乐。

酒的雅号很多，如"绿蚁"，这是指新酿好的

（清）冷枚《春夜宴桃李园图》

033

酒还未滤清，酒面浮起酒渣，色微绿，细如蚁，名之曰"绿蚁"。白居易《问刘十九》一诗云："绿蚁新醅酒，红泥小火炉。晚来天欲雪，能饮一杯无？"绿蚁成为酒的别称雅号。尤为有趣的是，唐代的人似乎特别喜欢用"春"字来命名酒，比如富水春、若下春、土窟春、石冻春、烧春等。韩愈诗中曾提到一种酒名为抛青春，颇有一种一醉方休的姿态。

此外，还有"酒兵""壶中物""杯中物""忘忧物""流霞""玉液""曲秀才""天禄""黄汤"等别名。

二、关于造酒材料和酒品之汉字

以"酉"字为构字的基础元素，与"酒"相关的字形成了一个庞大族群，这些汉字包括了酿酒的材料、制造工艺、酒的品类、饮酒的方式和状态。

《酒谱》在"酒之事"中对酒的酿造作了两次论述：

第一次，《春秋说题辞》曰："为酒据阴乃动。麦，阴也；黍，阳也。先渍麹而投黍，是阳得阴而沸，乃成。"中国古代用阴阳学说解读万物的生成、生长和生发，认为酒是"阴阳合德"的产物。《春秋说题辞》中曾说，酿酒要以阴性为基础才能发酵，引起质变。麦是阴性的，黍是阳性的。先浸渍酒曲，然后将黍放入，这样阴阳相遇沸腾，酒就酿成了。

第二次，《吕氏春秋》云："孟冬命有司：秫稻必齐，麹蘖必时，湛炽必洁，水泉必香，陶器必良，火齐必得，厉用六物，无或差忒，大酋监之。"《酒谱》在这里讲了酿酒的六个要素：一是良材，秫稻必须齐备；二是适时，制作酒曲必须按照时令；三是洁净，浸渍、蒸煮米曲时必须保持干净；四是好水，所用的泉水一定要清香；五是精器，所用陶器一定要精良；六是适度，火候必须恰到好处，将以上六样结合起来，不要有什么差错，由大酋负责监督，就可以酿出好酒来。这个记载是现存最早的记载酿酒技术的文献之一，仍然有科学性，是酿酒工业必须遵循的基本原则。

《酒谱》："《说文》曰：酴，酒母也。醴，一宿酒也。醪，滓汁酒也。酎，三重酒也。醨，薄酒也。醑，旨酒也。"意思是说，《说文解字》称：酴是酒母，醴是一夜酿成的酒，醪是留有滓汁的酒，酎是经过多次酿造而成的醇酒，醨是薄酒，醑是美酒。

《酒谱》中列举的这些字，有些不是常见字、常用字，当代人大多不知其含义。其实，许慎《说文解字》中列举的还不止这些，笔者从《酒谱》和《说文解字》中挑选一些与"酒"相关的汉字作一个简单的解读。

（一）从酿造的材料看

1. 酵：酒母
2. 䣧：用黍米酿成的酒

一是"酵"字。酵是指酒母，北宋以前，酵意为酒曲、酒母，就是蒸后长毛的米，是用来造酒的原材料。明清后有一类酒名为酵酥，也写作"屠苏"。"爆竹声中一岁除，春风送暖入屠苏"，说的就是人们在正月初一喝屠苏酒的习俗。张舜徽《说文解字约注》："酒母一名而有二义：曲训酒母，乃今语所称酒药，作酒时用以和黍，使之发酵者也；酵训酒母，乃今语所称酒娘，即酒汁之未和水者也。"酿酒要有酒母才能发酵，也即今天的酵母，另一称谓是酒娘子。

（清）姚文瀚《岁朝欢庆图》

二是"酏"字。酏（yǐ）是用黍米酿成的酒，也有另一说是指清酒。酿酒的材料还有大米、小麦、水果、高粱等，以高粱为主要材料。

（二）从酿造的次数看

1. 醴：一宿酒
2. 酤：一宿酒
3. 酨：两次酿造
4. 酎：多次酿造

一是"醴"字。醴是一夜酿成的酒。这是说，酒酿一夜就成熟了。《释名》："醴，礼也，酿之一宿而成礼，有酒味而已也。"醴，是指酿造的时间只用一个夜晚，汁、渣混为一体，是短时间酿成的甜酒。张舜徽《说文解字约注》："今家酿甜酒，必得气温暖而后易成，故夏令一宿即熟，冬令数宿始熟，惟视气候寒暖为断耳。"酒的酿造与气温密切相关，夏天气温高，一夜即可酿成，故一宿酿成的酒被称为"醴"。"醴酒"在古代多用作祭祀的祭品。"醴"字形从酉，豊声，其偏旁"豊"即礼（禮）的初文，甲骨文、金文像在器皿"豆"中盛放两串玉以供祭祀的样子。醴字从豊，体现了醴酒与祭礼之间的密切关系。《周礼·酒正》："以醴敬宾曰礼宾。"指明了醴酒在古代礼仪中的功用。《酒谱》"圣人不绝人之所同好，用于郊庙享燕，以为礼之常"，"古者食饮必祭先，酒亦未尝言所祭者为谁，兹可见矣"。意为圣人不禁绝民众所共同喜好的东西，而将它用于祭祀宴会等场合，作为礼仪中所不可或缺之物。古人在吃饭饮酒时一定要用酒祭祀祖先，却没有说明用酒祭祀的是谁，由此，其重要性可见一斑了。"醴"字也表示了酒在祭礼中的作用。

二是"酤"字。酤是指一夜酿成的酒。徐锴《系传》："谓造之一夜而熟，若今鸡鸣酒也。"酤的另一义说，是买酒。

三是"酘"字。酘是在原酒的基础上再酿的酒。

四是"酎"字。酎是经过多次酿造而成的醇酒。《说文解字》："酎，三重醇酒也。"段玉裁注："《广韵》作'三重酿酒'，当从之，谓用酒为水酿之，是再重之酒也；次又用再重之酒为水酿之，是三重之酒也。醇者其义，酿者其事。"酎，经多次酿造而反复提纯。

（明）陈洪绶《痛饮读骚图》

（三）从酒的味道看

1. 醇：不掺水的纯酒
2. 酤：味道浓厚的酒
3. 醋：酸味的酒
4. 醰：浓烈有苦味的酒
5. 醨：薄味的酒
6. 醥：醇厚的酒
7. 酠：味道苦涩的酒
8. 酸：味道不浓烈的酒
9. 醲：味道浓烈的酒

这里重点讲几个常用的字：

一是"醇"字。"醇"，从酉，表示与酒有关。"享"由"淳"字省，音通"纯"。《说文解字》："醇，不浇酒也。"段玉裁注曰："凡酒沃之以水则薄，不杂以水则曰醇。""醇"就是不掺水的酒，即酒味醇正浓厚。"醇"有三层含义：一是指酒纯粹不掺杂水，酒的味道醇和，不过于辛辣，一般来说，陈酒较醇，存放的时间长了，酒会变得醇和；特别是白酒，经过长时间的存放，会变得醇厚。人们喝酒多选择味道醇和的老酒，珍藏时间越长越醇，价值和价格也更高。二是指纯粹、纯正，如醇和、清醇，延伸指敦厚、淳朴之人。三是醇和的酒可以给人以享受。"醇"字从"享"，意为酒味浓厚，酒香醇正，给人以享受。"酒饮

（唐）戴进《太平乐事》（局部）

半酣正好，花开半时偏妍"，饮至此时，友情酝于心中，烦恼化为云烟，顿觉酒是醇酒，情是真情。有美酒，有美味，有朋友，品酒、喝茶、读古论今，不亦乐乎。所以说"朋友如老酒，越久越香醇"。

二是"酷"字。"酷"由"酉"和"告"组成，"酉"的甲骨文为酒坛子形，本义指酒；"告"是告

诉、告知。"酤"意为告知别人这是酒。俗语说，"酒香不怕巷子深"，香浓的酒味，扑鼻而来，一切美味不言自明，所以酒自身的香气是最佳的告知方式。《说文解字》酉部："酤，酒厚味也。"本义指酒味厚，香味浓。当然，唯有品质极佳的酒，其香味才能透过深巷而味道不减，所以"酤"表示程度深，相当于"极"，有非常之意，如酤爱、酤暑、酤热等。然而，通常酒味越浓则酒性越烈，而烈酒容易让饮者头脑发热，脾气暴虐，行为失控，故而"酤"又指残酷、酷刑、酷虐，表示残暴、残忍到极点。酒可以带给我们醇厚的香味，也可以带来悲惨、残酷的结局。曹植《七启》："酤烈馨香。"意思是酒的味道浓烈，香味远播。司马相如《上林赋》："芬芳沤郁，酤烈淑郁。"这也是形容酒香浓烈的。

　　三是"醋"字。"醋"从酉，从昔。"昔"最初的意义是"错"，意为"交错"，表现了主客之间推杯换盏，互相敬酒的情形。《说文解字》酉部："醋，客酌主人也。"意为客人用酒回敬主人。《玉篇·酉部》："醋，报也。进酒于客曰献，客答主人曰醋。""醋"字包含了以下含义：一是表示昔日之酒。醋从

（唐）戴进《太平乐事》（局部）

昔，即昔日。醋是用酒或者酒精发酵而制成的。"昔"表示醋的制作需要经历较长的时间。二是表示其味酸。《洪武·正音》："醋，酸也。"白居易《东院》："老去齿衰嫌橘醋，病来肺渴觉茶香。"意思是说年纪大了，牙齿松动了，一吃橘子就觉得特别酸。据说，"醋"的发明人是杜康的儿子黑塔。传说，黑塔有一次做了一个梦，有一个神仙告诉他一种奇特饮料的制作方法，他把这一办法告诉了父亲杜康，父子俩用酒糟和龙窝水，泡了二十一天，每天翻翻缸，造出来的水香喷喷、酸溜溜、甜滋滋的，这种调味浆叫什么呢？黑塔说："酒糟泡了二十一日，到酉时水才这么好喝，这不就是一个'醋'字吗？"这样，"杜康造酒儿造醋"的说法就流传下来了。直到今天，制醋的时间还是二十一天。三是表示一种嫉妒的心理感受。醋，喝进胃里是"酸"的味道，一旦进入人的内心，就变成像喝醋一样"酸溜溜"的感觉，也就是情感上的"嫉妒"。俗话说"吃不到葡萄说葡萄酸"，这就是"嫉妒"的心理在作怪。相传是从唐代房玄龄夫人"喝醋"的故事，派生出吃醋、醋劲、醋意、醋坛子等一系列词语。据传，唐太宗听说宰相房玄龄"惧内"，觉得堂堂一个宰相怎么会"妻管严"到如此地步，决定杀杀房夫人的威风。于是，他赐给房玄龄几名美女做妾，房玄龄婉言谢绝了。后来唐太宗得知房玄龄的夫人是一个"醋坛子"，他又让皇后劝说房夫人，结果碰了一鼻子灰。太宗大怒，派太监送一壶"毒酒"给房夫人，说如果她不同意接受这几名美妾，即赐饮"毒酒"。房夫人面无惧色，二话没说，接过"毒酒"一饮而尽，原来壶中装的是"醋"，皇帝只是以此考验她。皇帝见此，只好收回成命。这就是"吃醋"的传说。其实，男女之间"吃醋"也未必是坏事，适当的"吃醋"说明珍重对方，也是爱的表现。如果夫妻之间一点儿都不"吃醋"，说明爱已不存在。当然，也不能太"吃醋"，如果"醋劲"太浓，则会产生误解、误伤，导致对感情的伤害。

四是"醰（tán）"字。《说文解字》西部："醰，酒味苦也，从酉，覃声。"意为酒，味苦，亦代表浓烈之味。

五是"醨（lí）"字。《说文解字》西部："醨，薄酒也。""醨"是指味道单薄的酒。《楚辞·渔父》中言"众人皆醉，何不餔其糟而歠其醨?"后来就有了个词语，叫"餔糟歠醨"。该成语就是指吃酒糟，饮薄酒，一醉方休，后引申为屈志从俗，随波逐流之意。

六是"醥（piǎo）"字。宋沈端节《念奴娇·湖山照影》"破愁惟有馨醥。"《文选·左思·蜀都赋》："觞以清醥，鲜以紫鳞。"醥，表示清酒。

七是"酳"字。表示苦酒。

八是"醆"字。表示味不浓烈的酒。

九是"醲（nóng）"字。西汉枚乘《七发》：饮食则"温淳甘脆，腥醲肥厚。"醲，表示味浓烈的酒。

（四）从酒的形态看

1. 醪：汁渣混合的浊酒
2. 醑：无渣的清酒
3. 酼：纯度高、颜色较淡的酒
4. 醍：比较清纯的酒

一是"醪（láo）"字。醪是尚有汁滓的酒。《说文解字》酉部："醪，汁滓酒也。"这是指汁和滓相混合的酒。唐代皮日休诗云："趁眠无事避风涛，一斗霜鳞换浊醪。"古代的酒多为浊酒，后来随着蒸馏技术的出现与提升，浊酒变成了清酒。

二是"醑（xǔ）"字。"醑"与"醪"的意思相反，本意为滤酒去滓。《诗经·小雅·伐木》："有酒醑我。"南朝谢灵运："芳尘凝瑶席，清醑满金樽。"古代用器物滤酒，去糟取清叫醑，指经多次沉淀过滤的酒——清酒。后来用的人多了，就引申出二重含义，意为"美酒"。李白在《送别》中写"惜别倾壶醑，临分赠马鞭"，意为舍不得离别啊，咱们喝杯美酒吧。

三是"醨（lí）"字。《说文解字》酉部："醨，下酒也。一曰：醇也。从酉，丽声。"下酒，即滤去汁滓的清酒，也就是纯度较高、颜色较淡的酒。

四是"醍（tǐ）"字。《说文解字》酉部："醍，清酒也。从酉，是声。"《说文新附》中指较清纯的浅赤色酒，也指快速酿造的薄酒。后来也有人以"醍"指代"红色"。

（五）从酒的颜色看

1. 醍：浅赤色的酒
2. 醙：特别白的酒
3. 醆：白色酒

一是"醍"字。此字在上文解读过。《说文解字》明确其本义为清酒，段玉裁注"酒成而红赤色也"，指过滤后的浅红色清酒，用于祭祀或宴饮。要注意的是此处"醍"字与"醍醐"中的"醍"音义都不同，在"醍醐"中读 tí 而不是 tǐ，"醍醐"指从牛奶中提炼的酥油，佛教用它比喻佛法的至高真谛或觉悟的纯净境界（如"醍醐灌顶"），后引申为精华，此义为假借，与酒义无直接关联。

二是"醙（sōu）"字。形声字，从西，叟声。《说文解字》未直接收录，但《玉篇》称"醙，白酒也"。可能指未经染色的原色酒，与"醍"的浅赤色的酒相对。右边"叟"为声符，在"叟"字群中常表"老"义（如"嫂""瘦"），暗示酒的陈酿属性。《仪礼·聘礼》："醙、黍、清，皆两壶。"郑玄注："醙，白酒也。凡酒，稻为上，黍次之，粱次之，皆有清白。"

三是"醝（cuō）"字。形声字，从西，差声。《康熙词典》云："醝，白酒也。""醝"又通"醯"（盐）。"差"为声符，古音与"醯"相近，且"差"有"调配"义，暗示酒的调和或盐酒混合，不同于"醙"这种颜色特别白的酒。张华《轻薄篇》云："苍梧竹叶清，宜城九酝醝。"

这三字均从西部，体现汉字"以形表义"的特点，声符或兼表义，反映古代酿酒工艺的多样性及酒与盐、祭祀等文化的关联。

三、关于"酒"造作之汉字

《酒谱》也列举了酒的造作之字,《酒之名》中说:"造作谓之酿,亦曰酝。卖曰沽,当肆者曰垆。酿之再者曰酘,漉酒曰醨,酒之清者曰醥,白酒曰醝,厚酒曰醹,甚白曰醙。"意思是说,造酒称为"酿",又称"酝"。卖酒叫作"沽",酒铺称"垆"。经两次酿造的称"酘",滤酒称"醨",清酒称"醥",白色的酒叫"醝",味道醇厚的酒为"醹",颜色特别白的是"醙"。这里讲的是造酒的技艺,酿酒的工艺流

（唐）戴进《太平乐事》（局部）

程一般来说，大致有十二道工序：①拌曲；②踩曲；③润料；④拌料；⑤蒸煮；⑥摊凉；⑦加曲；⑧堆积；⑨入窖；⑩出窖；⑪蒸馏；⑫贮存。下面几个汉字与酒的酿造相关：

酒的酿造
1. 酝：酿酒，主要指酿酒的准备过程
2. 酿：造酒，主要指造酒的发酵过程
3. 酵：造酒时用酶菌发酵
4. 酶：造酒时用酶催化发酵

一是"酝"字。酝（醖）指酿酒。酝的繁体字为醖，从酉，指酿酒的器皿；从昷，指适当的温度。造酒时先将粮食煮熟，再经过发酵，发酵时要提供适当的温度。这个造酒的过程就是酝酿的过程。古代酿酒是春酝夏成。酝，是指为酿酒做好各项准备工作。

二是"酿"字。繁体的酿（釀）字，从酉，代表盛酒的器皿。从襄，表示造酒的方法是让粮食里的糖与微生物发生作用，发酵、生长，从而产生乙醇。简体的酿字，意为造酒要用良材、良方、良器、良温，才能酿出醇美的好酒。中国最早规模化酿造的酒应该是米酒（酒酿），"有米才有粮，有粮方能酿，酿久米变酉，加水变为酒"，这个顺口溜形象说明了米酒的酿造历程。

三是"酵"字。酵，从酉，指酶菌，声孝，指酒酵、酵母，指经过发酵，酒的香味就出来了，然后把酒放进老窖里，放的时间越长，酒就越加浓烈清香。

四是"酶"字。酶，指对于生物化学变化起催化作用的蛋白质，也叫"酵素"，酿酒过程中的发酵就是靠酶的作用。

四、关于饮酒方式和状态之汉字

《酒谱·酒之名》："相饮曰酻，相强曰浮，饮尽曰釂，使酒曰酗，甚乱曰酱。饮而面赤曰酡，病酒曰酲。主人进酒于客曰酬，客酌主人曰酢，酌而无酬酢曰醮。合钱共饮曰醵，赐民共饮曰酺。不醉而怒曰奰，美酒曰醹。其言广博，不可殚举。"由于饮酒的方式不一样，产生了描写饮酒状态的一些汉字。相对饮酒称"酻"，勉强对方喝酒叫"浮"，一饮而尽为"釂"，无节制地饮酒称"酗"，纵酒狂欢叫作"酱"，喝了酒脸红叫作"酡"，醉酒后神志不清叫作"酲"。

主人向客人敬酒称"酬"，客人向主人敬酒为"酢"，喝酒而不相互敬酒称"醮"，凑钱一起喝酒叫"醵"，君主赐酒给民众共饮称"酺"，没喝醉却发怒称"熨"，美酒为"醁"。与其有关的词汇众多，无法一一列举。《酒谱》这一段话讲的是饮酒的方式、状态和礼仪。

（唐）戴进《太平乐事》（局部）

下面主要分析与饮酒方式有关的四个汉字：

饮酒的方式
{
　1. 配：调和（喝混合酒）
　2. 醮：干杯（一饮而尽）
　3. 酗：无节制（喝得多）
　4. 酱：猛烈（喝得多而急）
}

一是"配"字。《说文解字》酉部:"配,酒色也,从酉,己声。"清代江藩《配酏二字解》:"当时酒有青色者,有黑色者,合二酒之色则谓之配。"配的意思,是用不同的酒调出的颜色,以后才引申为配偶、配合、匹配、分配、调配。配是按照一定的标准或比例进行调和。配,从酉,从己。"己"意味着选择适合自己饮用的酒和陪伴自己喝酒的人,俗话说:"酒逢知己千杯少,话不投机半句多。""配"要求喝酒的品级、种类与自己的身体状况、品位相匹配,同时,也要知道自己在酒席中的角色,喝酒、说话与自己的身份要相匹配。

二是"醮"字。这是指把杯里的酒喝尽了。《礼记·曲礼》:"长者举未醮,少者不敢饮。"醮是一饮而尽。意思是说,只有年长的人一饮而尽时,年少者才能端起杯来喝酒。

三是"酗"字。这是指无节制的饮酒。大碗喝酒,结果往往是"凶"。酗酒者凶多吉少,轻则伤身,重则丧命。

四是"酱"字。这是指酗酒至乱。明朝有个学者叫方孝孺,劝大家莫过度饮酒,他在《味菜轩记》写道："酒，味之美者也，好之甚者，小则有酗酱之失，大则戕躯丧德，以灾其国家……"就是说酒是好东西啊，但喝多了，耍酒疯是小事，酗酒不但损害自己的身体，而且失德丢人，会损害名誉。"酱"字上面两个火字，可见喝酒之猛烈。郎瑛《七修类稿·义理类·酒》："使酒曰酗，甚乱曰酱。"狂饮之后胡言乱语就叫作"酱"。

（明）戴进《春酣图》

从饮酒的状态看，大致有以下一些汉字比较形象地描绘了饮酒的状态：

饮酒的状态
1. 酌：劝人饮酒
2. 酡：面红耳赤
3. 酣：酣畅淋漓
4. 酩：醉得迷迷糊糊
5. 醺：飘飘然
6. 醉：不省人事
7. 酲：神志不清
8. 醜：丑态百出
9. 醒：已经解酒

一是"酌"字。"酌"从勺，勺指用勺子舀取。酌，是用小勺舀，酌情、酌量。《说文解字》酉部："酌。盛酒行觞也。"意为盛酒在斗中劝人喝酒，字形寓意为用工具从坛中舀酒。用小勺舀，酌情、酌量。愿饮则多饮，能饮可多饮，自量、自愿、随意品尝，不是豪饮，不是饮酒如喝水。三五知己，一杯薄酒，谈天说地，这种人多是有节制的人。自古以来对适当饮酒极为推崇，"小酌酒巡销永夜，大开口笑送残年"，唐代诗人白居易的这句诗体现了小杯喝酒、小酌怡情的愉悦情境。愿多饮则多饮，愿少饮则少饮，好一番其乐融融、宾主尽欢的景象。唐韦续《七绝》："烧春誉满剑南道，把酒投壶兴致高。美满良辰添此物，诗情酌兴翻波涛。"便是描写韦续与杜甫同饮剑南烧春时的小酌怡情。

二是"酡"字。酡是指饮酒已上头，面红耳赤。周履靖《拂霓裳·和晏同叔》："金尊频劝饮，俄顷已酡颜。"

三是"酣"字。《说文解字》酉部："酣，酒乐也。"酣，即酣畅，从甘，甘的本义为香甜美味，引申有美好之义，甘甜在酒，也在心，表明饮酒的畅快。这就是已经进入酣畅的境界，文思涌动，畅快淋漓，王羲之喝到酣畅之际，借曲水流觞，写下《兰亭序》这一天下第一行书。凡是到达这种状态的人，都是豪爽、达观、壮怀之人。"一酣发好容，再酣开愁眉。连延四五酣，酣畅入四肢"，这是大诗人白居易的感觉。

四是"酩"字。"酩"从名，"名"字，有广为人知的意思，名加酒，引申为让人醋醉的酒。古人有太多描述酩酊的诗词："日夕倒载归，酩酊无所知。"喝醉了，怎么回家的都不记得了。唐代的元稹说："半酣得自恣，酩酊归太和。"诗句表现出超脱尘世的感觉。

（明）仇英《春夜宴桃李园图》

五是"醺"字。"醺"字从熏，"熏"为用火烟熏炙，而熏炙会引发火焰，所以也有"烧灼"之义。喝了酒之后，脸部微微发烫，心跳稍稍加快，人有点飘飘然了，这时心就放松了，没那么拘谨了，话也多了起来。酒饮微醺，恰是最舒服的感觉。

六是"醉"字。《说文解字》酉部："醉，卒也。卒其度量，不至于乱也。一曰，溃也。"醉，就是喝得过量了。醉，从卒，意为不省人事。人之所以会醉，主要是饮酒量超过了肝脏代谢乙醇的速度，摄入的乙醇来不及经过处理就进入血管中；乙醇途经大脑会抑制原本保持兴奋的神经递质，同时让原本应该安静的递质亢奋起来，从而使人失去自控，大失常态。宋代词人贺铸说："物情惟有醉中真。"俗话说，酒后吐真言。人醉了之后，理性的大门被关上，人的本性显露出来。醉酒以后，人们的表现千奇百怪。有的人口若悬河，滔滔不绝；有的人多愁善感，痛哭流涕；也有的人口出狂言，丑态百出。很多饮酒的场面大多经历了这样的过程，先是甜言蜜语，再是豪言壮语，最后不言不语，这就是醉倒了，说不出话来。人醉了，一切都不知道了，有的酒后失言，有的昏睡不醒，伤害身体，更有甚者，醉后驾车，酿成大祸。凡喝必醉的人，必是没有节制的人，自律、自控能力较差。

七是"酲"字。酲是指神志不清，不省人事，是因醉酒引起的一种病态。《说文解字》酉部："酲，病酒也。"意为因酒醉而引起的病态。

八是"醜"字。"醜"是"丑"的旧体字。酒一喝多就会变得丑态百出，丢人现眼，由人变成了鬼。酒鬼往往会举止失态，原本儒雅的人，酒喝多了变得粗俗，因此也称为醜（丑）。由于酒后醉态，失言、失礼、失德，那就出丑了。"醜"字就是由"酒"与"鬼"组成的，凡是酒鬼，其形态都是"丑"的。有些人为看别人出丑取乐而将其灌醉，其用心是不良的。蒲松龄在《酒人赋》中指出了酒徒的丑态："口狺狺兮乱吠，发蓬蓬兮若奴。其吁地而呼天也，似李郎之呕其肝脏；其扬手而掷足也，如苏相之裂于牛车。"行为令人作呕。

（元）任仁发《五王醉归图》（局部）

九是"醒"字。段玉裁注："醉中有所觉悟即是醒。故醒足以兼之。《字林》始有醒字，云酒解也。""醒"，就是清醒过来了。《史记·屈原贾生列传》记载："屈原至于江滨，被发行吟泽畔，颜色憔悴，形容枯槁。渔父见而问之曰：'子非三闾大夫欤？何故而至此？'屈原曰：'举世皆浊而我独清，众人皆醉而我独醒，是以见放。'"屈原说出被放逐的原因是"众人皆醉而我独醒"，在这里他用"醉"和"醒"形容自己的政治理念、社会意识和文化取向。

饮酒的礼仪
1. 酬：劝酒
2. 酢：回敬
3. 酹：祭酒

一是"酬"字。"酬"，从酉，州声。"酉"的甲骨文像盛酒的坛子，是宴饮之具；"州"为九州，是传说中的上古行政区划。酒席上的人来自全国各地，客人给主人祝酒后，主人回敬以作答。《说文解字》酉部："酬，主人进客也。""酬"是主人为使客人饮酒而进行的一种礼节，故异体为"酧"字，从守，"守"为遵守、保持。敬酒者遵守主人的意愿，以酒代情。另一个异体字"醻"，从壽（寿），"寿"为长寿，可理解为在酒席上敬酒祝人长寿。"酬"后通指劝酒、敬酒，与"酬"组成的词语有应酬、报酬、酬劳、酬谢等。

贾公彦《仪礼》疏："若不先自饮，主人不忠信；恐宾不饮，示忠信之道，故先自饮，乃饮宾，为酬也。"如果主人不先饮酒，是失礼的表现；担心宾客不饮酒，主人应该示以忠信，先自饮一杯，然后宾客再饮。主人先饮，宾客附和而饮，主人再自饮道谢称为"酬"，如今称为劝酒。《说文解字约注》："凡主人酌宾曰献，宾还酌主人曰酢，主人又自饮以酌宾曰酬。"意思是说，主人先敬宾客称献，宾客回敬主人称酢，主人又自饮以谢宾客称酬。

宾主献酬之际，免不了说几句吉祥话，客人自然回敬，因而互致友好。因此"酬"又为应对、对答。《篇海类编》："酬，偿也。"《元史·张昉传》："左酬右答，咸得其当。"张昉应对众人都很得当。古代文人常以诗文作为酬答，故古诗文中许多都以"酬和""酬答""酬唱""酬寄"等为题，或直言"酬"或"和"。

《仪礼·士冠礼》："主人酬宾。"注云："饮宾客而从之以财货曰酬。"请宾客饮酒并赠送财物或礼品称为"酬"。主人劝酒或以礼品酬客都是为了报答远来的客人的一片情意，因此"酬"引申为报答。《尔雅》："酬、酢、侑，报也。"郭璞注："此通谓相报答，不主于饮酒。"郭璞的意思是说，这里的"酬"不单指与酒筵有关的报答，所有以物、行动相报的行为都称为"酬"。李白《走笔赠独孤驸马》："长揖蒙垂国士恩，壮心剖出酬知己。"所谓知己者，应推心置腹，以心相交，肝胆相照。

（明）陈洪绶《蕉林酌酒图》（局部）

二是"酢（zuò）"字。意为客人用酒回敬主人，如《诗经·大雅·行苇》中"或献或酢，洗爵奠斝"；也指酬神之礼。

三是"酹（lèi）"字。《说文解字》将"酹"解释为"餟祭也"。"餟"意为连续祭祀，"酹"与"餟"同义，指把酒洒在地上表示祭奠或起誓。苏轼《念奴娇·赤壁怀古》中的"人生如梦，一尊还酹江月"，也是用"酹"字表达祭奠之意。

"酒"字家族的汉字很多，然而常用的不多，有些字我们已经不使用了，这些字不但有区别，而且内涵很丰富，可以写成《汉字中的酒世界》一书。我们从这些字中可以领略到酒的名称、酿造、种类、饮用、礼仪等方面的内涵，对这些汉字作详细了解为深入理解酒文化亦有裨益。

第三讲

酒之功：
『养身怡情』『才智之媒』

酒作为古人发明创造出来的一种价值较高的饮品，几千年来延绵不衰，自然有其独特的功能。酒有完成礼仪、保健身体、庆祝欢乐三大功能。窦苹用"酒之事""酒之功"更为系统地阐述了酒的特殊功能。这些功能在于满足人的生理需要，健身、养生、防疫、治病；在于联络感情，增进爱情、友情、亲情；在于激发才情，让人文思奔涌。此外，令人惊叹的是酒后来成为政客政治斗争的工具，成为军事家谋略的工具，他们用酒收买人心，激发士气，用酒设立迷局，暗藏玄机等。酒对人们的身、心、性、情、智、趣都产生了广泛而又深刻的影响。为此，古人说："酒始于智者，后世循之。以之成礼，以之养老，以之成欢。"中国人饮酒不仅为了饮食养生，而且上升为一种饮食文化。中国酒文化是一种自然文化、社会文化，也是一种政治文化，更是一种艺术文化。

唐代王敷写了《茶酒论》，让茶与酒从自己的角度出发，夸耀各自的功劳和尊位。酒认为自己有四大功效：一是壮胆气。"群臣饮之，赐卿无畏！"大臣们饮了酒，在皇帝面前也敢大胆讲话。二是养身体。"蒲桃九酝，于身有润。"蒲桃、九酝这两种美酒，能补益人的身体。三是悦神志。"国家音乐，本为酒泉。"国家那些宏大音乐，本就配酒欣赏。四是解忧愁。酒是消愁药，一醉解千愁。茶也讲了自身的能耐，认为酒、茶不分高低。最后"水"出来说话："人生四大，地水火风。茶不得水，作何相貌？酒不得水，作甚形容？"酒与茶都离不开水的调剂，水告诫它们不要以为自己神通广大，取长补短、和睦相亲方是正道。

三国时期，曹操禁酒，孔融公开反对，认为"酒"的功能很多，更多的是正面的作用。《后汉书·孔融传》李贤注："《融集》与操书云：'酒之为德久矣'。古先哲王，类帝禋宗，和神定人，以济万国，非酒莫以也。故天垂酒星之耀，地列酒泉之郡，人著旨酒之德。"孔融认为酒的作用是"和神定人，以济万国"，酒是大自然对人类的恩赐，应当"酣饮"。喜欢饮酒的人认为，饮酒是一种乐趣，说："朝日乐相乐，酣饮不知醉。"他们把酒奉为"长乐公""琼浆玉露"等。而反对饮酒的人则认为酒是"毒药""祸根"，说："贪恋杯中物，终成阶下囚。"其实，酒与金钱一样，本身并没有好坏之分，关键在于饮酒之人对饮酒是否有分寸的把握。元代忽思慧在《饮膳正要》中讲了酒的两重性："酒，味苦、甘、辛，大热，有毒。主行药势，杀百邪，去恶气，通血脉，厚肠胃，润肌肤，消忧愁。少饮尤佳，多饮伤神损寿，易人本性，其毒甚也。醉饮过度，丧生之源。"酒作为一种大自然的产物和恩赐，自然有其存在的价值。这种价值既有物质层面的价值，也有精神层面的价值。关键在于适人、适度、适时。本书在这一讲里结合《酒谱》的论述，阐述酒的功能。

一、强身养生之饮

窦苹在《酒谱·酒之名》中曰："《春秋运斗枢》曰：'酒之言乳也，所以柔身扶老也。'"《春秋运斗枢》是汉代《春秋纬》其中的一篇，这篇文章说：酒就如乳汁，是用来滋润身体，扶助老人的。其实，酒不但对老人有益，适量饮用对中青年人也是有益的，可以滋养身体。

（一）酒有行气祛寒的功效

酒是粮食的精华，具有一定的营养价值。酒液中含有糖分、醇类、有机酸、氨基酸和维生素等成分，有大量人体所需要的氨基酸，可以为人体提供热量，为人体的气血通畅运行提供动力。

（明）徐渭《蟹鱼图》（局部）

由于酒性是发散的，具有促进血脉流通、疏通经脉、行气活血、祛湿止痛、助疗药物等功能，有人在冬天下水之前，喝酒暖身抵御寒气的入侵。生活在北方寒冷地区的人，常常喝酒御寒。几杯白酒下肚，浑身上下暖烘烘的。《红楼梦》第三十八回"林潇湘魁夺菊花诗 薛蘅芜讽和螃蟹咏"中提及贾府举办了螃蟹宴，螃蟹性寒，需用烧酒驱寒。小说写道："黛玉放下钓竿，走至座间，拿起那乌银梅花自斟壶来，拣了一个小小的海棠冻石蕉叶杯。丫鬟看见，知他要饮酒，忙着走上来斟。黛玉道：'你们只管吃去，让我自斟，这才有趣儿。'说着便斟了半盏，看时却是黄酒，因说道：'我吃了一点子螃蟹，觉得心口微微的疼，须得热热地喝口烧酒。'宝玉忙道：'有烧酒。'便令将那合欢花浸的酒烫一壶来。"合欢花有宁神之效，可平心志、解忧郁，合欢花酒，不仅可以祛风避寒，还对黛玉多愁善感、夜间失眠的症状有所改善。

（二）酒有防疫祛邪的作用

《酒谱·酒之事》："今人元日饮屠苏酒，云可以避瘟气。"意思是说，当下人们正月初一饮屠苏酒，说是可以驱除瘟气。《酒谱·酒之事》："西汉以来，腊日饮椒酒辟恶。"意为西汉以来，有十二月初八饮用椒酒辟恶祛邪的习俗。南朝梁代宗懔《荆梦岁时记》说，正月初一全家老幼均要穿戴整齐，按次序拜贺新年，然后饮椒酒（用花椒浸泡的酒）、柏叶酒（用柏叶浸泡的酒）、桃酒和屠苏酒，其目的在于辟邪，祈求平安、吉祥。唐代伟大医药学家孙思邈说："一人饮，全家无疫。"

李时珍在《本草纲目》中，把"酒"作为治病的"药"来研究分类。李时珍认为："酒，天之美禄也。麦曲之酒，少饮则和血行气，壮神御寒，消愁遣兴。痛饮则伤神耗血，损胃亡精，生痰动火。"（《本草纲目·酒》）这段话言简意赅地讲了酒的好处，也指出了饮酒要把握好"度"，防止过度饮酒而对身体造成伤害。

（三）酒有治病的作用

在中医的"君、臣、佐、使"中，酒起着"佐、使"的作用。历代中医认为"酒为百药之长"，指的是药酒可以增大药力。《酒谱·性味》："《本草》云：'酒味苦、甘辛、大热、有毒，主行药势，杀百虫恶气。'"这里说的是酒的味道苦甜而微辣，热性很大，有毒，能辅助发挥药效，可以杀灭百虫、驱除毒气。

中医自古就有"药食同源、酒药同源"之说。人类原始酿酒所用的原料是亦食亦药的植物，如橘子、枸杞、山楂、乌梅、大枣等，它们既是中药，有良好的治病疗效，又是富有营养的可口食品。如白酒有疏通气血之效，常用于气血淤积等相关的内科疾病的治疗上，也可用于治疗腹部有淤积、月经不调、冠心病等。《伤寒杂病论》有记载治胸痹（冠状动脉粥样硬化型心脏病）的"瓜蒌薤白白酒汤"药方。这个药方，白酒占了很大的比例，《金匮要略》记载"瓜蒌薤白白酒汤"组成方剂为：瓜蒌实 24 克，薤白 12 克，白酒适量。

古人酿酒的目的之一就是充当药用。长沙马王堆三号汉墓中出土的一部医方专书，后来被称为《五十二病方》。此书是中国迄今发现最早最完整的古医方专著，比较真实地反映了西汉初期以前的临床医学和方药学发展的水平。此书中用到酒的药方不下 35 个，至少有 5 个就是酒剂的配方，用以治疗蛇伤、疽、疥癣等疾病。中医学里很多药物都可以用酒泡制，如鹿茸龟甲、参桂芪术等。迄今为止，酒对于中医仍是不可或缺之物。

汉字的"医"字，更是鲜明地指出了酒的药用价值。"医"的繁体为"醫"，有人认为由医、殳、酉三部分组成，其义见下图演示：

```
            ┌── 匸（受物之器）
      ┌─ 医 ┤
      │     └── 矢（箭矢）
醫 ───┼── 殳（手中拿武器）
      │
      └── 酉（药酒）
```

医，繁体为醫，《说文解字》解释："治病工也。殹，恶姿也；医（醫）之性然。得酒而使，从酉。"恶姿，这里是指一种病态。殹，《说文解字》："殹，击中声也。"医，《说文解字》："盛弓弩矢器也。"匸，"受物之器"，象形，一种方形的收纳容器。矢，象形，弓箭的箭。因此，"医"的本义就是装箭的盒子：箭筒。殳，字形是手中拿着的武器。又，《说文解字》中提过，攵代表的是手。资料记载，殳是一种竹、木制的打击兵器，又名杵、杖、棒等。医和殳都是代表着兵器。殴的本义就是被兵器击中受伤的人所发出的痛苦之声，后来引申为人们病痛时发出的呻吟声，即"恶姿"。酉，前文说过，是"酒"的本字，这里是指中医治病的药酒。

也有人认为"醫"字由"酉"和"殴（yì）"两部分组成，"殴"表示病人的声音，表生病。"酉"指酒器，也指酒，古代许多种酒可药用，也可消毒。许多中药在服用时都用酒作药引。

这说明，古时医生已经常常用药酒来给人治病了。《汉书·食货志》："酒，百药之长。"《礼记·射义》："酒者，所以养老也，所以养病也。"可见，酒与药有着密不可分的关系。

在中国古代，酒的药用，使远古人类医术前进了一大步。人们发现酒不仅具有特殊的香味，而且还有助于消化食物、祛除寒气、活血化瘀，酒还有麻醉止痛的作用。酒中含有酒精，即乙醇。乙醇具有扩张血管和麻醉中枢神经的作用，故古代曾用酒替代麻药。75%的醇溶液有很强的杀菌作用。在周代，人们就已经知道用酒给伤口消毒了。另外，酒能促进血液循环，使药物迅速发散到全身，于是人们又在酒中加入中草药，制成药酒。大约在商代，医师们就知道把酒和中药结合使用了。正所谓"无酒不成医"。

二、联络感情之媒

中国人的饮酒不仅是人与酒的交融，也是人与人之间的交融，"天地人和"是中国人的饮德之道。宋人朱肱在《北山酒经》中说："大哉，酒之于世也！礼天地，事鬼神，射乡之饮，鹿鸣之歌，宾主百拜，左右秩秩，上自缙绅，下逮闾里，诗人墨客，渔夫樵妇，无一可以缺此。"酒，为人与人之间搭起了一座互相沟通、互相了解、增进感情的桥梁，成为联络感情的媒介。

（清）姚文瀚《岁朝欢庆图》（局部）

《酒谱·酒之名》说："皮日休诗云：'明朝有物充君信，醓酒三瓶寄夜航。'"皮日休是晚唐著名的诗人，也是一个"酒士"，自称为醉吟先生，写作了大量的咏酒诗篇，其中以《酒中十咏》最为著名。皮日休与陆龟蒙是好朋友，酒成为他馈赠朋友的礼品和信物，皮日休诗《答陆龟蒙诗》云："明朝有物充君信，醓酒三瓶寄夜航。"，意思是说，明日拿什么充当书信寄给你呢？还是托人带去三瓶醓（shěn）酒吧。"醓酒是江南名酒。酒成为人际交往的一种礼品，相互的馈赠寄托着浓浓的情感。

酒作为生活中一种特殊的饮料，已逐渐变成社交生活不可或缺的物质媒介，成为一种礼仪形式和民俗活动的必备物品。诸如祭奠庆功、农事节庆、婚丧嫁娶、生日寿庆、迎送宾客等民俗活动，特别是喜庆活动更是离不开酒。农事节庆时的祭拜庆典借酒缅怀先祖、寄托祈求丰收的情感和意愿；村中乡饮时，乡里邻居间的欢乐融洽、亲密友好气氛，因为酒的兴奋作用与亲和作用而达到极致；男婚女嫁是人生终身大事，在隆重的婚礼中，喜庆的婚宴充满着民间特有的欢乐情趣；生日寿庆之酒，显人生之乐趣；亲友相聚

（清）苏六朋《太白醉酒图》

之酒，叙手足之情谊。总之，年节酒、生日酒、贺喜酒、祝寿酒、待客酒、接风酒、饯行酒等都要用到酒，人们以酒表敬意、表诚心、表情意，可以说，无酒不成席，无酒不成礼，无酒不成俗，离开了酒，民俗活动便失去热烈的气氛，悲喜情感便无所依托。即使是办丧葬白事，也要祭酒，以表后人的忠孝之心。

（一）酒，常常承载着深深的友情

既是"诗仙"，也是"酒仙"的李白，常与友人畅饮。他在《下终南山过斛斯山人宿置酒》中写道："暮从碧山下，山月随人归。却顾所来径，苍苍横翠微。相携及田家，童稚开荆扉。绿竹入幽径，青萝拂行衣。欢言得所憩，美酒聊共挥。长歌吟松风，曲尽河星稀。我醉君复乐，陶然共忘机。"从这首诗里，我们可以看到饮酒环境之幽雅，碧山野径，明月随人而归，暮色苍茫，月光山影横于翠微之中，绿竹通幽，青萝拂衣，童稚开荆扉，一派天然景致；我们可以看到李白与山人畅怀共饮，山人置酒留宿，宾主放怀，引吭高歌，畅快淋漓，饮酒至银河星稀，夜深簌寂；我们可以看到李白和山人饮酒之快乐，返于淳朴，陶然忘机。可见，酒友是朋友中的一种，"酒逢知己千杯少"，随着喝酒的热烈，其感情的温度也在上升，酒确实是加深感情的一种佳品。

（宋）马远《月下把杯图》

唐代诗人王维送别友人，也离不开酒。他在《送元二使安西》中写道："渭城朝雨浥轻尘，客舍青青柳色新。劝君更尽一杯酒，西出阳关无故人。"诗人与友人的依依惜别之情溢于言表，奉劝朋友再干一杯美酒，向西出了阳关就难以遇到故旧亲人。这首诗蕴含着深挚的情谊，既有依依惜别之情，也有殷切祝愿。可见，在古代送别友人、亲人时也少不了要喝一杯，甚至一醉方休。

唐代诗人白居易珍重友情，把酒看作友谊的象征。公元809年，他的好友元稹奉使去东川。白居易在长安，与朋友李十一一同到曲江慈恩寺春游，又到李十一家饮酒，席上忆念元稹，写了《同李十一醉忆元九》："花时同醉破春愁，醉折花枝作酒筹。忽忆故人天际去，计程今日到梁州。"白居易在酒醉之际，心里仍然计算着好友的行程，可见其情谊之深厚。

唐代诗人温庭筠与孟浩然是好友，他送别孟浩然，可以说是依依惜别，用酒慰友人。他在《送人东归》中写道："荒戍落黄叶，浩然离故关。高风汉阳渡，初日郢门山。江上几人在，天涯孤棹还。何当重相见，樽酒慰离颜。"离别之时，盼望着又一次聚会。

有一个典故叫"炙鸡絮酒"，讲的是借酒传达友情的故事，此故事记载于宋代范晔《后汉书·徐稚传》中：东汉的时候，有一位学者，名叫徐稚。他不但学问出众，而且淡泊名利，不喜做官，几次婉言拒绝别人的引荐。他还有一个可贵之处就是很重视朋友的情谊。一天，他的一位好友不幸病故了，徐稚非常悲痛，想起往日的情深意长，他决定去死者墓前吊祭。他在集市上买了一只鸡，回到家里先把鸡烤熟了，再将棉絮浸在酒中，半小时左右，把棉絮取出，然后再用它将烤熟的鸡包裹好，随后用鸡祭奠朋友。以后，他常常用这样的方式祭奠朋友，以表哀思。炙鸡絮酒，意思是说用浸过酒的棉絮将烤熟的鸡包好去吊祭朋友，酒与鸡一样成为缅怀朋友，表达深情的媒介。"斗酒只鸡"也是类似的意思。

（二）酒，常常寄托着深厚的爱情

范仲淹在《苏幕遮·怀旧》中说："酒入愁肠，化作相思泪。"宋代词人柳永是一个多情之人，写了一首感人至深的词，描写了词人离开汴京与心爱的人难分难舍的痛苦之情，借酒抒发满腔的情绪和深厚的爱情。他在《雨霖铃》中写道："寒蝉凄切，对长亭晚，骤雨初歇。都门帐饮无绪，留恋处，兰舟催发。

执手相看泪眼，竟无语凝噎。念去去，千里烟波，暮霭沉沉楚天阔。　　多情自古伤离别，更那堪，冷落清秋节！今宵酒醒何处？杨柳岸、晓风残月。此去经年，应是良辰好景虚设。便纵有千种风情，更与何人说？"在这首词中，首先点出送别的时间、地点，垂柳无语，寒蝉叫声凄切，诗人面对着长亭。大雨初歇，都门小店，柳永与情人闷闷不乐，竟无心绪饮酒，船上艄翁催行人上船开舟。然后写了离别的场面：柳永与情人紧握双手，相看泪眼，四目凝视，说不出话来，哽咽凝噎，抽泣颤抖。在船上望着一片茫茫水域，傍晚云烟沉沉下垂，心中空旷茫然。最后表达了自己真实的心情：我不在乎艄翁的话，可我暗问自己，今夜又去哪里找个可以睡下醒酒的地方？看来只有夜宿杨柳岸边，明朝醒来，仰视残月，耳闻晨风了。即使有千千万万的心里话，又能找谁诉说？他在《蝶恋花》中还写道："拟把疏狂图一醉，对酒当歌，强乐还无味。衣带渐宽终不悔，为伊消得人憔悴。"即使想放荡不羁，一醉方休，举杯高歌，强装欢乐仍然毫无意趣。即使日渐消瘦却不懊悔，宁愿为了她而精神憔悴。这是借酒消愁愁更愁。王国维在《人间词话》中，把最后两句作为"古今之成大事业大学问"的第二重境界，因为这首词虽然是写相思情，但也表达一种忠贞执着的精神境界。

（三）酒，常常蕴含着浓浓的乡情

诗人苏轼借酒拉近与乡人的关系，他常与村野之人同饮。他曾在《东坡志林》中云："杖履所及，鸡犬相识"，"人无贤愚，皆喜之"。在他看来，在"酒"的面前，人人平等，没有贵贱之分，酒成为他融洽乡人的媒介。在苏轼住处附近，有个卖酒的老婆婆，叫林婆，"年丰米贱，林婆之酒可赊"。他和林婆关系很好，经常去赊酒。苏轼借喝酒结交各种各样的人。他在《记授真一酒法》一文中写道："邓道士忽叩门，时已三鼓，家人尽寝，月色如霜。其后有伟人，衣桄榔叶，手携斗酒，丰神英发如吕洞宾者，曰：'子尝真一酒乎？'三人就坐，各饮数杯，击节高歌……"有一次，一位83岁的乡村老翁拦住他，求与同饮，他欣然应允。苏轼被贬惠州，率众修好西新桥之后与父老乡亲庆祝，写下"父老喜云集，箪壶无空携，三日饮不散，杀尽西村鸡"。与苏轼同饮者，不但有文人学士，还有村野父老。苏轼与那些父老乡亲融洽得如鱼得水，没有一点儿官架子；乡亲们也不把他当官看，只当同龄兄弟，坦诚相待。

古代酒会

古人在与朋友、亲人、爱人分离的时候，常常离不开酒，借酒排遣心中的伤感。"今宵酒醒何处"，"借问酒家何处有"，酒浓情更浓，口中喝的是酒，心中感受到的却是情。

今天，饮酒仍然是联络感情的工具，三五知己，亲戚朋友聚会，饮酒欢叙，其乐融融，假如没有饮酒助兴，必然寡淡、冷清，少了热情、气氛。为此，"无酒不成宴"可以说是千真万确，而"滴酒不沾"必然少了酒友。饮酒，也是人们抒情、壮怀的媒介。三杯下肚，豪情万丈，斗志昂扬，神采飞扬。饮酒，也常常使宴会的气氛热烈，使人的感情升温，这也正是酒的独特价值的体现。

三、诡道权谋之柄

曾几何时，酒成为政治家实现其政治目的的工具，成为权谋的工具，酒席变成了酒局，纵观中国的历史，酒局五花八门，有如迷局。

俗话说"醉翁之意不在酒"，凡是酒局，必有设局人、局托、陪客等角色，大多是有组织、有派系、有结交、有承诺、有阴谋、有称兄道弟、有指东打西，有局中的元老，也有拜山的新人。酒局是对一个人社会身份的认同，又是一种利益的博弈，也是权谋的玩弄。在中国的历史上，很多酒局扑朔迷离，让人心惊肉跳。其实，喝什么酒并不重要，关键是看和谁喝，为什么喝，喝出什么样的效果，许多酒局暗藏玄机。酒局的分类可以说十分精彩、奇特，对此，《酒谱》在"酒之功"中作了一些介绍。

（一）收买人心局

《酒谱·酒之功》："*勾践思雪会稽之耻，欲士之致死力，得酒而流之于江，与之同醉。*"这个传说后来成为"箪醪劳师"的典故：春秋战国时期，越王勾践被吴王夫差打败后，卑辞厚礼求和，自降为奴，妻子为婢，为了报会稽山兵败之耻，实现复国大略，勾践卧薪尝胆"十年生聚，十年教训"，鼓励百姓生育，并用酒作为生育的奖励品。《国语·越语》记载："生丈夫，二壶酒，一犬；生女子，二壶酒，一豚。"后来，越王勾践率兵伐吴，临出征之前，越中父老献美酒于勾践，勾践把酒倒在河的上游，与将士一同迎流共饮，《吕氏春秋》曰："越王之栖于会稽也，有酒投江，民饮其流，而战气百倍。"勾践与将士共饮一江酒，激发了士气，将士们拼死作战，终于打了胜仗。勾践的这一举动，表现了他与将士有福同享的态度和胸怀，目的在于收买人心，激发士气，让将士们为他卖命效力。浙江绍兴如今还有一条历史名河，名曰"投醪河"。

另一个类似的典故叫"箪醪投川"，讲的是战国时代的秦穆公讨伐晋国的事。《酒谱·酒之功》："秦穆公伐晋，及河，将劳师，而醪惟一钟。蹇叔劝之曰：'虽一米，可投之于河而酿也。'乃投之于河，三军皆醉。"战国时期，秦穆公讨伐晋国，行至黄河边，秦穆公准备犒劳将士，以鼓舞将士，可是酒醪只有一盅，蹇叔劝谏说："即使只有一粒米，投入河中来酿酒，也能让大家分享。"于是，秦穆公将这一盅酒倒入河中，三军共饮而醉。其实，一盅酒不能酿出满江酒来，但将士们却能在精神上得到激励和抚慰。在古今中外的军事行动中，酒起着壮行色、激胆气的作用，临行一杯酒，让人鼓舞斗志，雄赳赳、气昂昂，激发勇气，产生强大的能量。

汉朝的开国皇帝刘邦，是一个很有心计的人，他也善于借酒笼络人心。刘邦打败了项羽，当了皇帝，衣锦还乡，在沛县设宴，宴请家乡的父老乡亲，大家开怀畅饮，喝得正酣，刘邦击筑而歌："大风起兮云飞扬，威加海内兮归故乡，安得猛士兮守四方!"刘邦和着歌声起舞，慷慨悲伤，泪水一行行地流下来。刘邦免除了家乡的赋税，与乡亲饮酒三日。这一举动，表现了刘邦的率性、亲民和家乡情。酒，无疑是刘邦不可缺少的道具。

类似的记载还有《三国志》，曹操与孙权在合肥大战，吴国大将甘宁与手下猛士饮酒，后夜袭曹操，获得大胜。

清朝的乾隆皇帝也善于借设酒局收买人心，他举办的"千叟宴"就是如此。乾隆五十年（1785），四海升平，天下富足，为显示其皇恩浩荡，他在乾清宫举行了"千叟宴"。当时乾隆和纪晓岚还为老人们做了一副对子："花甲重开，外加三七岁月；古稀双庆，内多一个春秋。"以此祝贺一位141岁高龄的老人。这个大酒局被当时的文人称作"恩隆礼洽，为万古未有之举"。

（宋）赵佶《文会图》（局部）

（二）树立权威局

在历代的帝王中，借酒立威最为高明的是高祖刘邦。刘邦年轻时最大的爱好是喝酒，《史记·高祖本纪》记载，刘邦"好酒及色，常从王媪、武负贳酒，醉卧"。这是说刘邦年轻时，爱好喝酒，喜欢女色，常常到王媪、武负那里赊酒喝，喝醉了躺倒就睡。可见，喝酒是他的家常便饭，但同时他也善于利用酒来做文章。

（宋）赵佶《文会图》（局部）

刘邦以亭长的身份为县里押送民夫前往骊山，有许多民夫在途中逃走，若持续下去，等到了骊山，民夫都会跑光。行到丰西泽中亭时，刘邦宣布释放所有的民夫，民夫中有十几个壮士却愿意跟随他。刘邦带着酒气借着夜色在泽中小道行走，让其中一个壮士前往探路。探路的人回来说："前面有条大蛇横在道路中央，请您还是回去吧。"刘邦带着醉意上前，拔出宝剑把大蛇斩为两段。刘邦一行走了数里路，因为醉意而卧倒。后面有一个老妇人赶到蛇死的地方，哭泣道："我的儿子是白帝子变化成的蛇，如今让赤帝杀了。"人们开始以为老妇人说假话，想让她吃点苦头，哪知老妇人忽然不见了。后面的人赶到前面，刘邦才醒了过来，人们报告了这一情况。刘邦心中窃喜，心生自豪感，并利用这个传说，把自己宣扬作赤帝的化身，使随从越来越惧怕他。

（三）窥测试探局

这种酒局最为典型的是《三国演义》第二十一回中记载的"曹操煮酒论英雄"。东汉末期，刘备被吕布打败后，到许昌投奔曹操。刘备为了不引起曹操的猜忌和怀疑，韬光养晦，假装对天下大事漠不关心，每天只在后园种茶。一天，曹操为了试探刘备是否真的胸怀大志，请刘备去小亭中喝酒，盘置青梅，一樽煮酒，二人对坐，开怀畅饮。酒兴正浓时，天上阴云密布，暴雨将至，一团浓云如飞龙悬挂天边。曹操有意问刘备："先生知道龙的变化吗？"刘备说："请你说说看。"曹操说："龙能大能小，能显能隐，随时变化，如当世英雄，纵横四海。先生您知道谁是当世英雄吗？"刘备假装浅陋，先是讲袁术、袁绍，后又讲刘表、孙策，曹操统统否决。刘备曰："舍此之外，备实不知。"操曰："夫英雄者，胸怀大志，腹有良谋，有包藏宇宙之机，吞吐天地之志者也。"刘备曰："谁能当之？"操以手指刘备，后自指，曰："今天下英雄，惟使君与操耳！"刘备闻言，吃了一惊，手中所执匙箸，不觉落于地下。此时正好天上雷声大作，刘备乘机从容地拾起地上的筷子说："雷声的威力可真大呀。"他巧妙地将自己惊慌失措的真正原因掩饰过去。这次双龙会，从曹操"说破英雄惊煞人"到刘备"随机应变信如神"，可谓步步玄机。

（四）将计就计局

《三国演义》中江东群英会妙用了此酒局。周瑜装醉诱蒋干中计，巧施"离间计"，将计就计请君入瓮。在酒局中，周瑜表现出非凡的气魄、风度和计谋，成为千古佳话。

（五）借酒削权局

历史上的"杯酒释兵权"就是此酒局的意思。宋朝开国皇帝赵匡胤为解除手下重臣武将的兵权，安排了一次酒局，召集禁军将领石守信、王审琦等武将饮酒，席上不断地唉声叹气，众人问其原因，得知皇帝担心他们手握重兵日后会造反，他们明白皇帝的心意，便告老还乡颐养天年。

古代的酒局形式多样，今天的酒局也五花八门，所以要做一个清醒的人，要人在酒局中，心在酒局外，冷眼看世态，不为酒所迷，天下没有免费的午餐，同理，天下也没有免费的美酒。

四、人生况味之料

我们通常将优质的生活称为"吃香喝辣"。酒，既是香的饮料，又是辣的饮品，既满足了人的生理需要，又表现了人生的酸甜苦辣，带给人们独特的况味。

（一）酒给人以醇香的味觉体验

酒独特的香和味从一定程度上满足了人的生理需要和感官享受。从人的嗅觉看，酒有浓厚的香味。香味来源广泛：一是来源于酿造材料本身的香气，二是来源于发酵之后的酶香，三是来源于陈酿的醇香。酒的香型也很多，主要有：清香型、浓香型、酱香型、米香型等。酒的不同的香味与香型给人嗅觉、味觉上的双重体验。

人的味觉的产生过程，大致是这样：

食物 刺激 味蕾 传入 神经 传递 大脑 处理 味觉

味觉是人口腔内的一种特殊感觉，味蕾受身体接收化学物质（食物）的刺激，并将信息传入中枢神经，神经将这些信息传递给大脑，大脑处理后对味觉进行分析和解读，并分辨出各种味道，而产生味觉。味觉对于生命具有重要意义，在一定程度上主导了人对食物的选择。人通过味觉系统来评价食物的营养价值，并防止摄入对机体不利的物质。

朱肱《北山酒经》阐述了味道之间的转化关系："酒甘易酿，味辛难酝。……金木间隔，以土为媒，自酸之甘，自甘之辛，而酒成焉。"酿酒的过程是味道的变化过程，酒的甘甜之味容易酿出，而辛辣之味则较难酿制。五行中金、木之间隔，以土为媒介，则由酸变甘，由甘变辛，于是酒就这样酿成了。

酒可以给人以复合的味觉感受。酒液进入口腔，被轻微加热后，分子在口腔中蒸腾跳跃，这是酒和人体最直接的接触，甜、酸、辛等感受也就在人体内一一具象地表现出来。

（二）酒给人以喜、怒、哀、乐的人生体验

嵇康在《声无哀乐论》中说："酒以甘苦为主，

而醉者以喜怒为用。"酒使人进入忘我之境,对生命的意义产生了强烈的体悟和感慨。

在曹操的诗里,酒是香的、甜的,一杯美酒下肚,解万般烦忧。曹操在《短歌行》中说:

> 对酒当歌,人生几何!
> 譬如朝露,去日苦多。
> 慨当以慷,忧思难忘。
> 何以解忧?惟有杜康。

美酒使人忘掉了忧愁和烦恼。

在晏几道的词里,酒是苦的,是相思之痛苦。他在《阮郎归·旧香残粉似当初》中写道:

> 旧香残粉似当初。人情恨不如。一春犹有数行书。秋来书更疏。
> 衾凤冷,枕鸳孤。愁肠待酒舒。梦魂纵有也成虚。那堪和梦无。

词中写了物仍故物,香犹故香,而曾经相爱的人已经离去，而且情意日渐淡薄，今不如昔了。孤独的女子，愁肠荡怀，只能借酒消愁。酒在这里衬托了处境的凄凉、相思的痛苦。

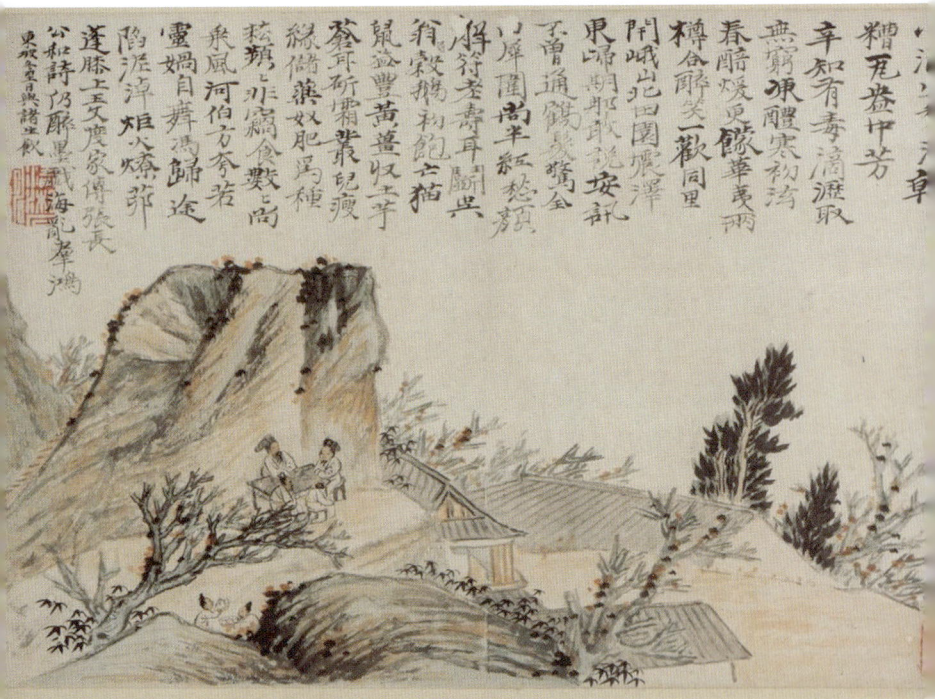

（清）石涛《东坡时序诗意图册》（其一）

在苏轼的口中，品出的酒味是淡淡的，功名利禄均为浮云。他在《行香子·述怀》中咏：

清夜无尘，月色如银。酒斟时、须满十分。浮名浮利，虚苦劳神。叹隙中驹，石中火，梦中身。

虽抱文章，开口谁亲。且陶陶、乐尽天真。几时归去，作个闲人。对一张琴，一壶酒，一溪云。

在范仲淹的词里，品出的酒味是辣的，充满着豪迈、侠气、壮怀。他在《渔家傲》中咏：

塞下秋来风景异，衡阳雁去无留意。四面边声连角起，千嶂里，长烟落日孤城闭。

浊酒一杯家万里，燕然未勒归无计。羌管悠悠霜满地，人不寐，将军白发征夫泪。

"浊酒一杯家万里"，酒让人更思念迢迢万里的家乡，但是打仗没有胜利，还乡之计就无从谈起。词人在这里借酒抒怀，苍凉中透出悲壮。

总之，有什么样的人生理想、格局、心情，就能从酒中品出什么样的味道，酒与人生的况味息息相关。

白居易写了《酒功赞》，对酒的功用给予诗意的概述，其词曰：

麦曲之英，米泉之精。作合为酒，孕和产灵。孕和者何，浊醪一樽。霜天雪夜，变寒为温。产灵者何，清醑一酌。离人迁客，转忧为乐。纳诸喉舌之内，淳淳泄泄，醍醐沆瀣；沃诸心胸之中，熙熙融融，膏泽和风。百虑齐息，时乃之德；万缘皆空，时乃之功。吾尝终日不食，终夜不寝。以思无益，不如且饮。

白居易讲的"酒之功"，概括起来就是三句话：变寒为温，转忧为乐，万缘皆空。他在此处既说出了酒的实用价值，又指出了其精神价值，充满禅意。

第四讲

酒之德：

『温克诚失』『以礼为先』

"酒德"两字，最早记载在《诗经》和《尚书》中，大意是说饮酒者应有德行，不能像纣王那般，"颠覆厥德，荒湛于酒"，《尚书·周书》中的《酒诰》所讲的酒德主要是："饮惟祀"（只有在祭祀时才能饮酒）、"无彝酒"（不要经常饮酒，平常少饮酒以节约粮食，只有在有病时才宜饮酒）、"执群饮"（禁止民众聚众饮酒）、"禁沉湎"（禁止饮酒过度），认为以酒祭祀敬神，养老奉宾，便为德行。《酒诰》："文王诰教小子有正有事：无彝酒。"意为"文王告诫子弟和有大小官职的人：不要常喝酒"。周代把酒作为宗教和政治意义的工具，主张谨慎对待，提出了"越庶国：饮惟祀，德将无醉"的要求。

　　晋朝担任过建威参军的刘伶，曾写了《酒德颂》，但讲的是酒的功用，却没有讲出酒德的内涵。大文学家曹植对酒德有过一说，他写了《酒赋》，专门描绘了宴会酒醉后的情形："于是饮者并醉，纵横喧哗。或扬袂屡舞，或叩剑清歌；或噎噎辞觞，或奋爵横飞；或叹骊驹既驾，或称朝露未晞。于斯时也，质者或文，刚者或仁；卑者忘贱，窭者忘贫。"酒德的基本要求是饮酒之时不乱其性、不逾其矩，不论饮酒达到什么状态，都不失其志、不失其仪、不失其礼。

饮酒作为促进人际关系融洽的一种媒介，表面上看喝的是酒，其实喝的是"情"，是"礼"，是"义"。从古至今，酒宴都是重要社交场合，众人把酒言欢、借酒抒情、借酒言志。古人喝酒，从环境上看，喝的是情调；从品酒上看，饮的是心情；从喝酒的方式上看，喝的是意趣。为此，品酒见人品，喝酒见酒德。酒德是中国酒道最核心的精神。《酒谱》内篇用了三章的篇幅作了论述，分别是"温克""乱德"和"诚失"。这些内容今天仍然有现实意义。

一、"酒德"的核心精神是"温克"

中国古代的酒道，精髓就是"温克"二字，主张对酒无嗜饮，既气氛热烈，情感融洽，又节制有度，行为不失态。酒可以饮，但要饮而不过量，饮而不贪杯；饮酒要恰到好处，做到有乐而不误事，有兴而不伤人。"温克"一词来自《诗经·小雅·小宛》："人之齐圣，饮酒温克。彼昏不知，壹醉日富。各敬尔仪，天命不又。"意思是说，那些聪明智慧的人，饮酒温文又尔雅。那些糊涂蒙昧的人，每饮必醉日日甚。请务必端正你的仪容举止，否则天不佑你。饮酒的主要宗旨是"宴合""乐和"，一定要适度，保持敬重、端庄的仪态。

（唐）佚名《唐人宫乐图》（局部）

《酒谱·温克》：“《礼》云：‘君子之饮酒也，一爵而色温如也，二爵而言言斯，三爵而油油以退。’”《酒谱》引用了《礼记》中的话说：“君子饮酒，饮一爵就脸色温和；饮二爵就开怀畅言；饮到第三爵，就要彬彬有礼地退席。”《礼记》很注重饮酒的礼仪，对宴飨之礼有明确的要求，其中之一是“三爵而退”。按周代礼制，君臣之间的小宴会，饮酒以三杯为限；若是超过，就属违礼。这是因为当饮酒过量时，人的言语和行为会失态，会出现不礼貌的行为，“三爵而退”，是对他人的尊重，也是自尊和自爱的体现。从典籍中看，周礼对于饮酒的要求很严格，强调有限制地饮用，禁止非礼、非量的饮酒行为。

孔子主张以中和、有节作为“酒德”，他说：“唯酒无量，不及乱。”即饮酒以不醉为度，这就是饮酒要以神志清醒、形体稳健、气血安宁、皆如其常为限度。明人吴彬在《酒政六则》中提出了饮酒的禁忌：华诞、连宵、苦劝、争执、避酒、恶谑、喷秽、佯醉。

在中国酒道中，“酒以成礼”与“酒以为乐”是相辅相成的。礼，教之以理，敬之以礼；乐，动之以情，配之以器。乐抒发人的情感，礼则是对情感的调节。礼乐之间是灵与肉、理智和情感、欲望与节制的统一。为此，饮酒必须遵守一个"礼"字，这个"礼"就是把握好一个"度"。《酒谱·温克》："晋何充善饮而温克。"意思是说，晋代的何充能喝酒，但能做到克制有礼。窦苹在这里用"温克"两个字概括了"酒德"的核心精神，这就是温和克制，既豪放而又优雅。

《史记·滑稽列传》有一则记载：楚军攻齐，齐威王拨给淳于髡十万精兵迎战，楚军闻讯，连夜退兵而去。威王大悦，置酒后宫，赐淳于髡酒喝。问他说："先生喝多少酒才醉？"淳于髡回答说："我喝一斗酒能醉，喝一石酒也醉。"威王说："能告诉我是什么原因吗？"淳于髡回答：酒量在心情不同时是有差别的，当胆战心惊、心怀恐惧的情况下，饮一斗就醉了；当家有亲朋来访时，敬客奉酒，喝不到两斗就醉了；当与久未见面的朋友饮酒时，讲述往事，倾吐衷肠，喝到五六斗就醉了。至于乡里间的聚会，男女杂坐，彼此敬酒，又有六博、投壶一类的游戏，可饮八斗。然而，天黑了，酒也快喝完了，大家促膝而坐，男女同席，鞋子木屐混杂在一起，杯盘杂乱不堪，堂屋里的蜡烛已经熄灭，主人单留住我，而把别的客人送走，绫罗短袄的衣襟已经解开，略略闻到香味阵阵，这时心里最为高兴，能喝下一石酒。淳于髡趁自己的酒劲继续说：喝酒过多就容易出乱子，欢乐到极点就会发生悲痛的事。无论什么事情都不能走向极端，到了极端就会走向衰败。有好酒，好心情，加上有美女相伴，自然可以使自己的酒量大增，但即使如此，也不能纵欲过度。齐威王认为他所说的有道理，便停止了彻夜欢饮之事。

二、"温克"精神的体现

（一）饮酒要适量

《酒谱·温克》称赞经学大师郑玄海量而又不失仪态："度玄所饮三百余杯，而温克之容，终日无怠。"郑玄虽然喝了三百多杯，但仍然温文有礼，可谓"豪饮不醉最为高"。饮酒要量力而行，因人而异，能饮多少就饮多少。

《酒谱·诫失》称赞东晋名士陶侃饮酒能节制："陶侃饮酒，必自制其量，性欢而量已满。人或以为言，侃曰：'少时常有酒失，亡亲见约，故不敢尽量耳。'"意为陶侃饮酒，必定自己克制饮酒量，以喝到心情畅快为量就不饮了。人们对此有所议论，陶侃说："年轻时常因喝酒犯错，已过世的父母告诫我，因此，不敢放开喝酒。"从这个记载看，陶侃是一个有自制力、反省力的人，也有毅力战胜自己的欲望。古往今来，凡是成就大事业者，都具有战胜自我的决心和毅力，敢于直面自身的弱点和缺点，并时刻警惕加以改正。节制饮酒，一向是古人极为重视的养生之道。他们认为饮酒的目的在于"借物以为养"，而不能"身为物所役"，饮酒必须量力而行，适可而止。酒再好，如果不加以节制，也会损害身体。战国时期的名医扁鹊说："久饮酒者，溃髓蒸筋，伤神折寿。"（《本草纲目》）《黄帝内经》也批评不懂养生的人是"以酒为浆"。《酒谱·诫失》："酒虽悦性，亦所伤生。"意为酒虽然能使人精神愉快，但也会伤害身体。《本草纲目》有："《邵尧夫诗》云：'美酒饮教微醉后。''此得饮酒之妙，所谓醉中趣、壶中天者也。若夫沉湎无度，醉以为常者，轻则致疾败行，甚则丧邦亡家而殒躯命，其害可胜言哉？此大禹所以疏仪狄，周公所以著《酒诰》，为世范戒也。'"这些先人都从多饮、滥饮对人体、人性的伤害角度强调了节制饮酒的重要性。

现代科学也证实了古人的这些说法。饮酒过量，不仅会使人的知觉、思维、情感、智能、行为等方面失去控制，飘飘然忘乎所以，还会摧残人的肌体，导致肝脏等器官受损。长期过量饮酒者的患病率极高，死亡率也高，可能引发心脏病、癌症等多种疾病，甚至造成中毒身亡的严重后果。

（二）饮酒要适境

古人饮酒不但讲究要有好酒、好友，还要有好境。《酒谱·温克》记载：梁时的谢譓（huì）是一个清高洒脱的人，不随便结交朋友，饮酒只喜欢有清风明月相伴。五代的名士罗隐在华山隐居，也喜欢在山清水秀的地方怡然自得地喝酒。有一次，他与好友郑云叟喝酒，喝到酣处，两人联句，郑云叟说："醉却隐之云叟外，不知何处是天真。"美酒、美景也焕发了他们的诗才。无论在花前月下、泛舟中流的露天场合，还是在宅舍酒楼、闲庭逸阁中，饮酒的环境要使人感到幽雅、舒适。在古代，有"山饮""水饮""郊饮""野饮"之风气，人们颇喜在游览观光中饮酒。因此，他们饮酒的处所，往往不在大雅之堂，不在闹市之肆，而在山峦之巅、溪水之畔或在郊野之中、翠微之内。如周穆王畅饮于昆仑瑶池，无为子独酌于莲花峰上，何点致醉于钟山之阿，桓温置酒于龙山之顶，李白"长歌吟松风"，杜牧"与客携壶上翠微"等。这些名人雅士置身于秀丽的水光山色之中，呼吸着新鲜空气，欣赏着美景，心旷神怡，饮兴自然倍增。

（明）万邦治《醉饮图》（局部）

美酒、美景而又有知己同饮，更是一件乐事。携友结伴欢聚一处，"酒逢知己千杯少"，开怀畅饮，情趣盎然。清人黄周星（黄九烟）曾讲："盖知己会聚，形骸礼法，一切都忘。惟有纵横往复，大可畅叙情怀。"

（三）饮酒要适时

古人饮酒必须严格掌握饮酒的时间。在古代，只有天子、诸侯加冕、婚丧、祭祀或其他喜庆大典时才可以饮酒。《尚书·酒诰》就告诫人们，在祭祀时才能饮酒："杞兹酒，惟天降命，肇我民，惟元祀，天降威，我民用大乱丧德，亦罔非酒惟行，越小大邦用丧，亦罔非酒惟辜。"

今天，要把酒喝好，最好是选择合适的时间，如凉月好风，袂雨时雪；花开满庭，新酿初熟；旧地故友，久别重逢，以使宾主尽欢。而在日炙风燥、渡阴恶雨、近暮思旧、心情烦躁之时，则不宜饮酒。如果在这些时候饮酒，很可能会使与会者兴味索然。

（四）饮酒要适法

饮酒不是喝水，不能"牛饮"，饮酒是品酒，在于享受过程而不是喝饱肚子，为此，要小口呷，让酒在口腔中慢慢地流过舌头上的每一个味蕾区，充分感受到酒的味道，然后再缓缓咽下，让酒液湿润喉咙，而渐渐进入肠胃，绝不可大口吞饮。明朝龙遵叙说："喝酒不宜太多太急，否则会损伤肠胃和肺。肺是心、肝、脾、肾、肺五脏中最重要的部分，好比帝王车子的车盖，特别不能损伤。"（《饮食绅言》）清代美食家袁枚在《随园食单》中主张温酒以饮。他认为温酒以饮，热度不及则凉，热度太过则老，靠近火，酒则变味，因此，必须隔水温酒，并且要盖严实，不让酒气挥发才佳。古人认为冷酒伤身，《红楼梦》中写宝玉饮酒的几个场面，都是温酒而饮的。今天，我们除了喝米酒是温热后再喝，饮其他的酒一般不温酒。当然，温酒也要把握好一个"度"，加热时较易挥发，但也不能过分温热，过分温热会使乙醇挥发太多，再好的美酒也会无味。

清人朱彝尊又说："饮酒不宜气粗及速，粗速伤肺。肺为五脏华盖，尤不可伤，且粗速无品。"（《食宪鸿秘》）还有饮物也有相生相克，酒后切忌饮茶。自古以来，不少饮酒之人常常喜欢酒后喝茶，以为喝茶可以解酒。其实不然，酒后喝茶对身体极为有害。李时珍在《本草纲目》中说："酒后饮茶，伤肾脏，腰脚重坠，膀胱冷痛，兼患痰饮水肿，消渴挛痛之疾。"现代科学已证实了他所说的酒后饮茶对肾脏的损害。据古人的养生之道，酒后宜以水果解酒，或以甘蔗与白萝卜熬汤解酒。此汤在南宋林洪《山家清供》中被称为南宋皇家的醒酒名汤——"沆瀣浆"。饮酒前后更要注意，不能吃抗生素，如"先锋"之类，凡是混合同吃往往会导致丧命。

总之，"温克"是酒德的核心内容，今天可以概括为十条准则：一是不失礼，二是不失信，三是不贪杯，四是不喝醉，五是不误事，六是不乱性，七是不伤身，八是不胡言，九是不斗气，十是不灌酒。

三、"温克"以"礼敬"为准则

礼仪制度自古以来就被视为"立国经常之大法"和"周旋之节文"。孔子曰："安上治民，莫善于礼。"

中国是礼仪之邦，自古以来讲究尊卑有别，谦谦君子、彬彬有礼。《礼记·礼运》将礼视为化生万物之源："夫礼必本于太一，分而为天地，转而为阴阳，变而为四时，列而为鬼神。"礼，也是一个人存在的基础和为人处世的根本，《诗经》："相鼠有皮，人而无仪。人而无仪，不死何为!"人假如不讲礼仪则与动物没有区别。"礼"是人们行为的规范和准则。

　　酒礼，是伴随着酒的诞生而诞生，与酒相融相生的，也是礼仪的一个重要组成部分。在中国古代，酒与礼的关系最初表现为酒作为祭祀的物品，参与礼神的活动而促成了"礼"的产生。这种关系可称为"礼酒"，主要为祭祀之用，礼天地，事鬼神，享祀祈福，也就是通常所说的"酒以成礼"。而酒在"礼神"的过程中，也逐渐世俗化，从敬神之酒、敬祖之酒，延伸到敬人之酒，并产生了与之相适应的礼仪，形成了一套约定俗成的"酒礼"。早在周初，周武王命周公"制礼作乐"，开启了礼乐教化之先河。周礼以酒为媒介，制定了观礼、聘礼、食礼、射礼、乡饮酒礼以及人生礼仪的士冠礼、士昏礼和士丧礼等。从此以后，"无酒不成席，无酒不成礼"的礼俗便延续下来，成为人们社交活动的行为准则。

　　周代的酒礼，概括起来是四个字：时、序、数、令。所谓"时"，就是必须严格遵守饮酒的时间，只有在天子即位、诸侯加冕、婚丧、祭祀或其他喜庆大典时才可以饮酒；所谓"序"，就是必须遵守等级秩序，按天、地、祖、神、长幼、尊卑的秩序来饮酒；所谓"数"，就是严格控制饮酒的数量，每次饮酒不超过三杯；所谓"令"，就是酒席设置令官。

中国古代先贤认为酒可行乐，但又必须以礼加以节制。酒礼，作为饮酒行为的规范，其主要精神是尊敬、谦和、克制，使之有序、有规、有行为仪式感，并防止人们饮酒过量，不能自制。明代袁宏道看到酒徒在饮酒时不遵守酒礼，深感作为长辈有责任，于是从古代的书籍中收集了大量的资料，专门写了一篇《觞政》作为饮酒者的行为规范。

古人饮酒讲究温文尔雅，以礼行事，进退有度，对饮酒制定了礼仪规范，《诗经》《礼记》中都立了基本规矩：一是"左右秩秩"，即在入席时要肃静而又遵守秩序；二是"饮酒孔偕"，餐具酒具必须摆放整齐，即饮酒时，和谐有序；三是"举酬逸逸"，即敬酒时，要按照次序；四是"式勿从谓"，即不能频繁劝酒，更不能灌酒，强人所难；五是"长者举未醻，少者不敢饮"，强调尊老敬贤，尊卑、长幼有序。

　　古代饮酒的礼仪约有四步：拜、祭、啐、卒爵。就是先做出拜的动作，表示敬意，接着把酒倒洒一点儿在地上，祭谢大地生养之德；然后啐一口，尝尝酒味，并加以赞扬令主人高兴；最后一饮而尽（卒爵）。在酒宴上，主人要向客人敬酒，客人要回敬主人，敬酒时相互要说上几句敬酒辞。客人之间相互也可敬酒。有时还要依次向人敬酒。敬酒时，敬酒的人和被敬酒的人都要避席、起立。普通敬酒以三杯为度。

　　《酒谱·酒之名》主讲了饮酒的礼仪："主人进酒于客曰酬，客酢主人曰酢，酢而无酬酢曰醮。"这是说，主人向客人敬酒称为"酬"，客人向主人回敬为"酢"，喝酒而不互相敬酒称为"醮"。

　　先秦宴饮的饮酒礼俗，一般是主人敬宾客之酒，称之为献；宾客还敬主人之酒，称之为酢；主人先自饮，然后劝宾客之酒，谓之酬。献、酢、酬，此三项程序合起来，称作"一献"。一献之礼后，宾客之间的劝酒为礼酬，以长幼为序，依次相酬。礼酬需举杯饮尽，即"干杯"，依次尽杯，一人饮毕，再及一人。两汉遵先秦遗风，唐代称之为"巡饮"。

（宋）赵佶《文会图》

《酒谱·温克》："扬子云曰：'侍坐于君子，有酒则观礼。'"扬雄说：陪坐在君子身边，有了酒，就能看到礼仪是怎么样的了。饮酒最能考验一个人的人品，一个人是不是君子就看他饮酒及酒后的表现了。喝酒讲求的是礼仪，是一个典礼化和艺术化的行为。

《北山酒经》也强调饮酒要遵守礼仪，如"大哉，酒之于世也。礼天地，事鬼神；射乡之饮，《鹿鸣》之歌，宾主百拜，左右秩秩"。意思是说，酒对于当世的意义太大了！礼祀天地，敬事鬼神；乡射乡饮的礼仪，群臣宴会的欢歌，宾主之间多次行礼，肃穆恭敬。不管是达官贵人，还是普罗大众，饮酒都要讲求礼节。

时下有人饮酒，大致经历以下三个阶段：第一阶段如同文士，温文尔雅、谦逊尚礼；第二阶段如同江湖武士，酒过三巡后便称兄道弟、酣畅淋漓；第三阶段如同疆场勇士，超量饮酒后仪态全失，该倒的倒、该躺的躺、该疯的疯，不敢说的话说了、不该做的事做了。这就违背了"温克"中的"礼"的规范了。

（明）陈洪绶《蕉林酌酒图》（局部）

酒桌上最大的失礼行为是对他人的不尊重。由于每个人的身体状态不同，酒量也有大小，喝酒应随人意愿，尊重每个人的选择，不能强人所难，但有的人却要逼人强饮，甚至争强好胜，比拼斗酒，结果是害人害己。

清代黄周星在《酒社刍言》中说："饮酒之人有三种，其善饮者不待劝，其绝饮者不能劝。惟有一种能饮而故不饮者宜用劝。然能饮而故不饮，彼先已自欺矣，吾亦何为劝之哉？故愚谓不问作主作客，惟当率直称量而饮，人我皆不须劝。"强饮和劝酒都是一种失礼的表现。酒宴上的礼仪，主要有以下规范：

一是尊人立莫坐：这是说首席的尊者未入座前，其他人是不能先坐下的。

二是尊人同席饮，不问莫多言：在酒席上，假如尊者不发问，陪同的人不要多说话，切忌喧宾夺主。

三是巡酒依次行：敬巡酒时，先从首席起，按座次依次巡到末座。

四是尊者对客饮，站立莫东西。使唤须依命，躬身莫不齐：这是说有客人前来敬酒时，需站立对饮以示尊敬。

五是巡来莫多饮，性少自须监：巡酒时，与会者必须饮酒。但是，酒量小的可少饮。

六是坐见人来时，尊亲尽远迎：饮酒期间，若有客来，必须离席远迎，以示尊敬。

不同民族的饮酒习俗由其文化观念和生活风尚所决定，形成了独特而又有趣的酒俗。俗话说："入乡随俗。"我们到一个少数民族的地方去做客，同样要遵守特定的风俗习惯。如侗族最有特色的迎宾仪式是"拦路酒"。侗族人在客人进入寨子的门楼边设置路障，挡住客人，饮酒对歌，你唱我答，其歌词诙谐逗趣，使人忍不住捧腹大笑，唱好了喝好了，再撤除路障，恭迎客人进门。仫佬族在婚嫁、祝寿等重大喜庆活动中设立酒席，叫作三台席：第一台茶席，意为"接风洗尘"；第二台酒席，意为"八仙醉酒"；第三台饭席，意为"四方团圆"。每席均为九道菜，取"九九归一"之意。

四、"温克"关键在于"诚失"

"饮酒陶然胜神仙"是饮酒的最佳境界。但如果不加节制，纵酒贪杯，超过自己酒量的最大限度，轻则酩酊大醉伤害了自己，重则伤人误事。南朝诗人何承天的《将进酒》，以三字歌的形式，写了饮酒要节制，其中有一篇为酒戒篇："将进酒，庆三朝。备繁礼，荐嘉肴。荣枯换，霜雾交。缓春带，命朋僚。车等旗，马齐镳。怀温克，乐林濠。士失志，愠情劳。思旨酒，寄游邀。败德人，甘醇醪。耽长夜，或淫妖。兴屡舞，厉哇谣。形佷佷，声号呶。首既濡，志亦荒。性命夭，国家亡。嗟后生，节酣觞。匪酒辜，孰为殃？"

佛家不主张饮酒，认为饮酒会带来过失。《酒谱》首先引用了佛家对饮酒的看法。《酒谱·诚失》："释氏之教尤以酒为戒。故《四分律》云：饮酒有十过失，一颜色恶，二少力，三眼不明，四见嗔相，五坏田业资生，六增疾病，七益斗讼，八恶名流布，九智慧减少，十身坏命终，堕诸恶道。"意思是说，佛教有八戒，尤其反对喝酒。《四分律》概括了饮酒的十大坏处：一是使人面色难看，二是损伤力气，三是损害视力，四是使人发怒，五是败坏田财产业，六是增加疾病，七是引发争斗不和，八是使人蒙受恶名，九是减少智慧，十是损害身体，使人丧命，死后坠入地狱。《酒谱》强调"诫失"，主要是戒失言、失态、失行。

其实"酒"与"财"一样，并没有好坏之分，而在于使用之人，用得好，利己利人，用得不好则害己害人，关键因素是饮酒之人是否能够保持"温克"。

酒虽然可以助兴、解忧、抒情、互动、壮胆、吐真，但酒也是一把"双刃剑"，失度、失时、失境则会遗患无穷。古人认为"酒色财气"最易致祸害人，所谓"酒色财气四把刀，迷了心窍自己倒"。基于此，人要力戒"嗜酒""好色""贪财""逞能"。在这"四戒"之中，酒居首位，这是因为酒具有极大的诱惑力。《荡寇志》第一百九十四回中说："酒能成事，亦能败事，不可不饮，不可过饮。"《酒谱》对此运用实例作了分析。

（一）酗酒误国

《酒谱·诫失》："《周书·酒诰》曰：'文王诰教小子，有正有事，无彝酒。'"文王告诫子弟，有大小官职的人，不要常喝酒。周文王写的《酒诰》是中国历史上第一篇指出饮酒过量产生危害的文献。《酒诰》中曰："越庶国，饮惟祀，德将无醉。"意思是说，身为诸侯，只有在天子举行祭祀时，才能陪着喝酒，还要用道德和礼仪约束自己，不能把喝酒当成吃饭，喝酒时不能喝醉。不喝醉是遵守酒德的基本准则。

《酒谱·诫失》："《管辂别传》曰：诸葛原与辂别，诫以二事，言'卿性乐酒，量虽温克，然不可保，宁当节之。'辂曰：'酒不可尽。吾欲持才以愚，何患之有也?'"《管辂别传》记载：管辂（luò）是三国魏国人，与诸葛原友善，以善占卜、预言吉凶而著名。好友诸葛原与他临别时，提醒他少喝酒。窦苹引用《三国志》略有删节，原文曰："卿性乐酒，量虽温克，然不可保，宁当节之。卿有水镜之才，所见者妙，仰观虽神，祸如膏火，不可不慎。"诸葛原告诫管辂饮酒要节制，避免过量失言，担心好友虽然善于预测吉凶，有时也会招祸，希望他处事谨慎。管辂回答说："酒不可极，才不可尽，吾欲持酒以礼，持才以愚，何患之有也?"管辂对诸葛原的劝告不以为然，认为：喝酒这事是停不了的，只要抱才守拙，有什么可担心的呢?《三国志》说管辂"容貌粗丑，无威仪而嗜酒，饮食言戏，不择非类，故人多爱之而不敬也"。管辂是一个有才而又好酒的人，由于无节制，人们认为他可爱而不可敬。

《酒谱》记述了几例酗酒误国的实例：

例一，《酒谱·乱德》："小说云：纣为糟丘酒池，一鼓而牛饮者三千人，池可运船。"

《酒谱》以纣王这一"酒鬼"为实例。这里说的是纣王建造了酒池，每击一次鼓，就有三千人像牛饮水那样喝酒，酒池大得可以在里面行船。《史记·殷本纪》中记载："（纣）以酒为池，县（悬）肉为林，使男女裸相逐其间，为长夜之饮。"后人常用"酒池肉林"来形容生活奢靡，纵欲无度。商纣王的暴政和放纵于酒肉声色，最终造成了商代的灭亡。

例二，《酒谱·乱德》："楚恭王与晋师战于鄢陵而败，方将复战，召大司马子反谋之。子反饮酒醉，不能见。王叹曰：'天败我也。'乃班师而戮子反。"

楚恭王（亦说楚共王）与晋国的军队战于鄢陵，楚国打了败仗，楚恭王的眼睛也中了一箭，为准备下一次战斗，遂召大司马子反前来商议，子反却喝醉了酒，不能前来。楚恭王只得仰天长叹，说"天败我也"，将因醉酒贻误战事的子反杀了。

例三，《酒谱·乱德》："《冲虚经》云：'子产之
兄曰穆，其室聚酒千钟，积曲成封，糟浆之气，逆于
人鼻。方荒于酒，不知世道之安危也。"

（明）陈洪绶《痛饮读骚图》（局部）

《冲虚经》记载，子产的兄长叫穆，他的宅子里摆放着千盅酒，积聚的酒曲像小土堆一样，酒糟和酒水的味道十分刺鼻。公孙穆饮酒而荒怠，一点儿也不知道世道的安危。公孙穆沉迷于酒色，贪杯纵欲，过着今朝有酒今朝醉的生活，把安危置之脑后。

（二）醉酒误事

《酒谱·诫失》："萧子显《齐书》：臧荣绪，东莞人也，以酒乱言，常为诫。"臧荣绪是南朝学者，隐居不仕，自号"披褐先生"，他是东莞人，因为饮酒导致胡言乱语，人们应当引以为戒。酒会使人兴奋而胡言乱语，言多必失。自古以来，因酗酒而口出狂言，胡说八道，致使是非丛生，害人害己的例子屡见不鲜。

司马彪在《续汉书》中，记载了一则饮酒大醉以后侮辱他人而自讨苦吃的故事。东汉光武帝的族兄刘玄的弟弟被人所杀，刘玄为替弟弟报仇，招揽了一帮豪客，想依靠他们的力量除掉仇人。于是，刘玄设宴招待这些豪客，并请一位游徼（古代乡官）参加。可是，席间有一豪客喝醉了，想拿这位游徼取乐，便扯开喉咙唱道："朝烹两都尉，游徼后来，用调羹味。"

游徼一听怒气冲天，把醉汉捆起来，打了几百刑杖。醉汉歌词中的"朝烹两都尉"，是对游徼的侮辱。由于豪客是刘玄请来的，游徼迁怒于刘玄，要惩治刘玄，吓得刘玄远走他乡，报仇的事情也就泡了汤。

还有一个例子：南朝梁代有一个叫谢善勋的人，每饮酒必至数升，逢饮必醉，逢醉便瞪起眼睛骂人，不管贵贱亲疏，通通骂遍。于是，人们送他一个外号，叫作"谢方眼"。由于他饮酒的名声不好，遭人鄙视，人人皆敬而远之。

（宋）佚名《柳荫醉归图》

（三）纵酒误己

《酒谱·乱德》："郑良霄为窟室而昼夜饮，郑人杀之。"这个故事见于《左传·襄公三十年》。当时良霄掌握了郑国的大权，大臣朝见国君前，要先拜见良霄。没想到良霄在窟室中作长夜之饮，不辨晨昏，经常早上还在饮酒作乐，引发了郑国贵族与大臣的不满。于是，贵族和大臣联合起来讨伐他，最后将他杀掉了。这是纵酒引火烧身的事例。小说《三国演义》中也记载了几个醉酒误己的事例：

第一个是关于曹植的。大家都知道，曹植是一个特别有诗才的人，曾写了《洛神赋》和《七步诗》，深受曹操的宠爱，曹操有意立他为嗣。小说第七十八回说："卞氏生四子：丕、彰、植、熊。孤平生所爱第三子植，为人虚华少诚实，嗜酒放纵，因此不立。"曹操虽然钟爱第三子曹植，但不立曹植为接班人的理由主要有两个：一是不诚实，二是嗜酒。建安二十四年（219），曹仁被关羽率军包围，曹操任命曹植为先锋，率兵前往解救，有意让其建功立业。曹丕心有不甘，设计请曹植喝酒，终于让他喝得烂醉如泥。次日凌晨，鼓声响起，众将士急切地等待曹植领兵出征，无奈曹植醉酒不醒。对此，曹操大失所望，信任的天平向曹丕倾斜，曹植失去了继任的机会。

第二个是关于张飞的。小说第十四回写刘备接诏讨袁，张飞自告奋勇，要求守徐州。刘备说："你守不得此城，你一者酒后刚强，鞭挞士卒；二者作事轻易，不从人谏。吾不放心。"张飞曰："弟自今以后，不饮酒，不打军士，诸般听人劝谏便了。"刘备走后，张飞酒瘾发作，不但开怀畅饮，而且打了吕布丈人曹豹。曹豹咽不下这口窝囊气，串通吕布偷袭徐州。张飞酒后乏力，落荒而逃，幸赖十八员兵将保护，才冲出重围，结果丢了徐州及刘备家眷，使刘备失去了安身之地。后来，张飞也是因为酒后鞭挞手下，引起反叛，被手下杀头拿去邀功。

第三个是关于许褚的。许褚是曹操手下的一员大将，力赛两牛，武艺高强，号称"虎痴"，可惜也是因为纵酒栽了一个大跟头。小说第七十二回写曹操退守阳平关，令许褚引一千精兵，去阳平关路上护接粮草。解粮官见许褚到来，大为高兴，献上酒肉为许褚接风。"褚痛饮，不觉大醉，便乘酒兴，催粮车行。"

解粮官见日暮，又处于山势险恶之地，要许褚小心谨慎，许褚却不当一回事。这时，恰遇张飞劫粮，两人交战，本来两人武艺相差不远，无奈许褚"却因酒醉，敌不住张飞，战不数合，被飞一矛刺中肩膀，翻身落马"。幸好军士救起，保住了性命。可是，粮食车辆都被张飞夺去。

《酒谱》表扬了能饮而又有自制力的人。《酒谱·温克》："于定国饮酒一石，治狱益精明。历代有萧宠、卢植、马融、傅玄、冯政、刘京、魏舒、刘藻，皆饮酒一石而不乱。"于定国是西汉名臣，酒量很大，饮酒一石不但不醉，而且断案更加精准精明。窦苹还列举了一批历史上的名人，他们虽然都饮酒，但酒后心性不乱。

《酒谱·性味》："《内经》十八卷，其首论后世人多夭促，不及上古之寿，则由今之人以酒为浆，以妄为常，醉以入房，其为害如此。凡酒气独胜而谷气劣，脾不能化，则发于四肢而为热厥，甚则为酒醉，而风入之，则为漏风，无所不至。凡人醉，卧黍穰中，必成癞；醉而饮茶，必发膀胱气；食酸，多成消中。"饮酒对于人的健康而言，是一把双刃剑，是利还是害，关键在于是否适度。《酒谱》在这里引用了《黄帝内经》的论述，强调了饮酒必须适度、适量。《黄帝内经》首先讨论的是后世的人为何短命而亡，不及上古之人长寿的问题，指出了根源在于现今的人把酒当水喝，把纵欲妄为当作常态，还要醉后行房事。但凡酒气超过谷气，脾就无法化解，于是酒气发散于四肢，引起热厥，严重时则为酒醉，此时风寒侵入人体，就会形成漏风，风寒会侵袭全身。但凡喝醉了躺在稻草秆上的，肯定会得恶疮；醉了喝茶，肯定会引发膀胱病；醉后吃酸的，大多会得消渴病。可见，过量饮酒是会严重伤害身体的。醉酒一次对肝脏是一次严重的伤害，因为肝脏是解毒、解酒的器官，人喝醉了，意味着肝脏需超负荷地运作，长此以往必然会得肝病。

《酒谱》既从正面倡导了酒德，又从反面提出了酒戒，这是在几千年的酒文化发展史中，不断地总结前人的经验和教训得出的结论，值得现代人好好借鉴。

第五讲

酒之趣：

『宁可无食』『不可无酒』

酒有巨大的诱惑力，又是"兴奋剂"，一旦上瘾，尽显本性，从而上演了一桩桩趣事。《酒谱·酒之事》记录了史上好饮者的趣闻："北齐李元忠大率常醉，家事大小了不关心，每言'宁无食，不可无酒'。"李元忠是北齐的大臣。《北齐书》中称他"虽居要任，初不以物务干怀，唯以声酒自娱，大率常醉"。李元忠经常喝得醉醺醺的，家中大小事务一点儿都不关心，常说"宁可不吃饭，不能没有酒喝"，他说的这句名言，与苏东坡的"宁可食无肉，不可居无竹"有类似的意思，很有魏晋名士的派头，他只要有酒喝，没有饭吃也不要紧。当今的一些好酒者，大概也是如此。《酒谱》用一个个故事，讲述了文人雅士的趣闻。

一、"荷叶吸酒"

《酒谱·酒之事》转述了唐代段成式在《酉阳杂

俎》中讲述的一个故事："魏正始中，郑公悫避暑历城之北林。取大莲叶置砚格上，贮酒三升，以簪通其柄，屈茎如象鼻，传噏之，名为碧筒杯。"这里讲了一个奇特的饮酒方式。魏正始年间，郑公悫在历城的北林避暑。他摘取大荷叶放在砚台的格上，里面盛着三升酒，用发簪贯通荷叶的叶柄，将叶茎弯成大象鼻子状，从里面吸酒喝，称之为"碧筒杯"。碧筒杯构思奇妙，既有外观上的天然妙趣，又有调节滋味的作用，流经荷叶柄的酒，别有一番风味。段成式说："酒味杂莲气，香冷胜于水。"这种有趣的饮具和饮酒方式也为后人所仿效。如宋王谠《唐语林》卷三记载，中晚唐时代的宰相李宗闵"暑月以荷为杯"。不少诗人用诗称赞这一饮用方式，杜甫《陪郑广文游何将军山林十首》："醉把青荷叶，狂遗白接罱。"唐人戴叔伦《南野》："茶烹松火红，酒吸荷杯绿。"苏东坡在杭州任官时，夏天泛舟西湖，以莲叶盛酒和菜肴，待日光和高温将莲叶香味逼入酒菜后食用，美味绝顶。有诗赞叹道："碧筒时作象鼻弯，白酒微带荷心苦。"（《泛舟城南会者五人分韵赋诗得人皆若炎字四首》）

二、"山简醉酒"

《酒谱·酒之事》："山简在荆襄，每饮于习家池。人歌曰：'日暮竟醉归，倒着白接篱'"。这个故事出自《世说新语·任诞》。山简是"竹林七贤"之一山涛的第五子，官至尚书左仆射。山简经常在"习家池"饮酒作乐，习家池始建于东汉，这一古迹今天仍然是襄阳的旅游胜地。这个故事讲的是山简在荆州襄阳时，常去习家池饮酒。人们作歌咏道："天色黄昏，他醉醺醺地回来，白色的头巾也戴反了。"山简喝酒从早上喝到黄昏，不修边幅，帽子也戴反了。

三、"载酒从学"

《酒谱·酒之事》："扬雄嗜酒而贫，好事者或载酒饮之。"扬雄是西汉著名学者。他擅长写赋，《甘泉赋》《河东赋》《羽猎赋》是其代表作，他还著有四大语文经典之一的《方言》，此著作是我国最早的方言字典。扬雄嗜酒却家境贫穷，好事的人便送酒给他喝。据《汉书》的说法，扬雄的家产不过"十金"，经常揭不开锅。平时很少人来拜访扬雄，只有一些好事者为了研习学问，向他请教，才会带着酒菜去。只要有酒喝，扬雄是来者不拒、有教无类。

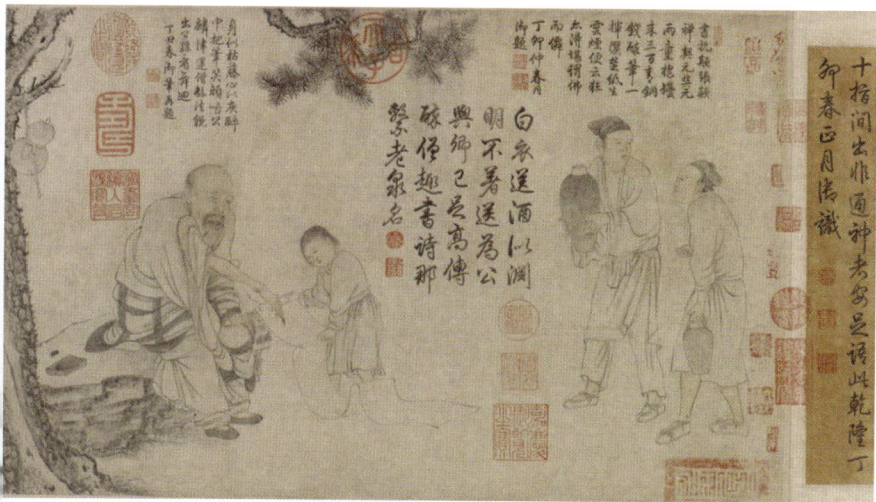

（宋）李公麟《醉僧图》（局部）

四、"白衣送酒"

《酒谱·酒之事》："陶潜贫而嗜酒，人亦多就饮之。既醉而去，曾不恡情。尝以九日无酒，独于菊花中徘徊。俄见白衣人至，乃王弘遣人送酒也。遂尽醉而返。"陶潜，也即陶渊明，是东晋著名的田园诗人。陶渊明饮酒的嗜好始于少年，伴其一生。他不为五斗米折腰，隐居田园，过着恬淡的生活，平时不与人来往。可是，他一看见酒，就会眼睛发亮，即使不认识酒主，也会凑上去共饮。这个故事记载：陶渊明家贫却又喜欢饮酒，便有不少人招呼他去喝酒。他喝醉了就离去，并不以去留为意。有一年的重阳节，菊花盛开，秋风吹拂，飞鸟翩然，正是喝酒的好时节，可是他已经一连九天没有酒喝，独自在菊花丛中徘徊。正在百无聊赖之时，远远望见有白衣人走来，原来是王弘派人给他送酒。于是，他痛饮直至酒尽人醉才回家。刺史王弘是陶渊明的酒友，经常慷慨赠酒。正是有酒友的资助，陶渊明写了《饮酒》诗20首。他在《饮酒》一诗中描绘道："不觉知有我，安知物为贵。

悠悠迷所留，酒中有深味！《酒谱·酒之事》记载了陶渊明"葛巾漉酒"的故事。"陶潜为彭泽令，公田皆令种秫。酒熟，以头上葛巾漉之。"意思是说，陶渊明担任彭泽令时，命令公田全部种秫，用来酿酒。酒酿成后，陶渊明就用自己的葛布头巾来滤酒。"葛巾漉酒"这个典故把陶公迫不及待饮酒的姿态描写得淋漓尽致。李白在《戏赠郑溧阳》写道："陶令日日醉，不知五柳春。素琴本无弦，漉酒用葛巾。"苏轼在《谢陈季常惠一揞巾》中写道：

（明）丁云鹏《漉酒图轴》

"夫子胸中万斛宽，此巾何事小团团。半升仅漉渊明酒，二寸才容子夏冠。"

五、"借酒避祸"

官场中的钩心斗角，使许多文人卷入政治旋涡，有一些人不慎因此丧命，如孔融、杨修、嵇康、吕安等；而有一些聪明人，借酒装疯卖傻，韬光养晦，避免了杀身之祸。阮籍就是其中的一位。

《酒谱·酒之事》："《魏氏春秋》云：'阮籍以步兵营人善酿，厨多美酒，求为步兵校尉。'"阮籍是"竹林七贤"之一，七人都有一个共同的嗜好，就是喝酒。他们经常聚会于竹林之下，开怀畅饮。阮籍是一个至性至情之人，却不幸生活于风云诡谲、杀机四伏的魏晋之交。为了明哲保身，他借酒消愁、借酒避祸。这个记载说的是，阮籍因为步兵营里的人善于酿酒，厨房中有很多美酒，故而请求担任步兵校尉。当时的奸臣钟会，为人阴险，他数次询问阮籍对时政的看法，想借机编造他的罪名。阮籍心知肚明，每每喝得酩酊大醉、不省人事，一问三不知，使钟会的阴谋不能得逞。

（宋）马远《对月图》

六、"清风明月"

《酒谱·温克》："梁谢谌不妄交，有时独醉，曰：'入吾室者，但有清风，对吾饮者，惟当明月。'"南朝名士谢谌，不随便结交朋友，有时一个人喝醉了，说"进我房子的，只有清风，陪我饮酒的，只有明月"。"清风明月"，是古代士人饮酒时表现出来的孤傲清高，李白《月下独酌·其一》也写了这样的情状："花间一壶酒，独酌无相亲。举杯邀明月，对影成三人。"

七、"死为酒壶"

《酒谱·乱德》："三国时，郑泉愿得美酒满一百斛船，甘脆置两头，反复没饮之，惫即往而啖肴膳。酒有斗升减，即益之。将终，谓同志曰：'必葬我陶家之侧，庶百年之后化而为土，或见取为酒壶，实获我心。'"郑泉是东吴孙权的一名大臣，他想将美酒装满一艘可容百斛的船，将美味佳肴放置在船两头，反复潜到船舱中喝酒，累了就去吃些饭菜，酒减少了一点，就马上加满。他临终前对志趣相投的朋友说："一定要把我葬在制陶人家的旁边，这样百年之后，我的尸骸化为泥土，或许有可能被挖去做酒壶，这便是我的心愿。"郑泉饮酒的境界达到了"生当为酒魂，死亦为酒壶"的最高境界。唐人陆龟蒙有诗赞曰："昔人性何诞，欲载无穷酒。波上任浮身，风来即开口。荒唐意难遂，沉湎名不朽。千古如比肩，问君能继不。"（《添酒中六咏·酒船》）

八、"典衣换酒"

"典衣换酒"的故事源自杜甫的《曲江二首》其二："朝回日日典春衣，每日江头尽醉归。酒债寻常行处有，人生七十古来稀。穿花蛱蝶深深见，点水蜻蜓款款飞。传语风光共流转，暂时相赏莫相违！"杜甫在担任左拾遗时，生活相对安稳，但他对酒的喜爱丝毫未减。他常常在下朝后，典当衣服换酒喝，写下了"朝回日日典春衣，每日江头尽醉归"的诗句。意思是，退朝回来，他每每会典当春天穿的衣服，换得钱后便到曲江边买酒畅饮，直到醉酒方归。这体现了他对酒的痴迷，甚至不惜牺牲物质享受，足见他对酒的喜爱和依赖。

九、"孔群好饮"

"孔群好饮"这个趣闻出自《世说新语·经诞》：鸿胪卿孔群是一个酒徒。丞相王导劝告他说："你为什么经常喝酒呢？你看，酒窖里的那些覆盖酒罐的布，一天天地发霉烂了！"孔群回答说："不，你没看见酒糟里的肉，不是能够保存更长的时间吗？"喜欢喝酒的人总会为喝酒找到依据，为自己的行为辩解。

酒，是打开人的心灵的钥匙，喝酒的人几杯下肚，本性尽显，经常上演一桩桩的趣事。作者记录这些趣事，目的在于说明酒的神奇魅力，揭示人生百态，更为重要的是警示人们饮酒需"温克"，讲酒德、守酒礼，重人情，有美感！

第六讲

酒之韵：

『温文尔雅』『神采飞扬』

酒

在中国，"酒道"精神以道家哲学为源头。庄子主张"物我为一""天人合一""齐一生死"，追求绝对自由，忘却生死、利禄及荣辱，酒的功能与道家的精神追求恰好一致。人们在饮酒以后，人体血液循环加速，大脑受到刺激，情绪激昂，精神振奋，思维活跃，才思敏捷。为获得艺术的自由状态，饮酒成为艺术家进入天人合一、形神合一、物我合一的状态，获得艺术创作力的途径。

德国哲学家尼采说过：整一个情绪系统激动亢奋，是情绪的总激发和总释放，是力的提高和充溢之感，是追求一种解除束缚、复归原始自然的体验。林语堂先生曾说过：饮酒之乐在于半醉之时，在这时节，一种扬扬得意的感觉，一种排除了障碍力量的自信心，一种加强的锐感，一种好像介于现实和幻想之间的创作思想力，好似都已被提升到比平时更高的行列。而这种充分的自信和脱离规矩及技巧羁绊的感觉，都与文学创作息息相关。总之，酒给艺术家的艺术创作提供了灵气、灵感和力量。

的确，适量的酒，可以刺激人体感官，释放潜在的本能，活跃思维，激发灵感，使人摆脱世俗的束缚，展开想象的翅膀，因此，饮酒成为艺术创作的"催化剂"。同时，饮酒与高雅的艺术活动相融合，形成了富有情趣、趣味的娱乐形式，上升为一种审美活动，亦即酒艺。窦苹在《酒谱》中用"酒令""酒之文""酒之诗"三个篇幅对酒艺作了介绍。

酒艺包括了酒令、酒诗、酒书画、酒联等内容，下面分别作一些分析。

一、美酒之兴文思

酒是激发艺术创作的"小精灵"。根据现代心理学、创作学，结合古人的描述，饮酒"酣畅思维"与艺术思维最为接近，这种思维有以下特点：

一是神妙性。适度饮酒给人带来精神放松、思维活跃的状态，往往会使人妙语连珠，佳句迭出，进入自由发挥的状态。陶渊明《饮酒二十首》之五："此中有真意，欲辨已忘言"，李白《月下独酌四首》之二："但得酒中趣，勿为醒者传"，指出了醉态快感、喜悦体验的"不可喻性"。辛弃疾在《鹧鸪天》中曰"醉时拈笔越精神"，白居易在《醉吟》中曰"酒狂又引诗魔发"，杜甫在《独酌成诗》中曰"醉里从为客，诗成觉有神"，酣畅的状态确实可以给人不一样的精神体验。梁宗岱《诗与真·诗与真二集》说："对于一颗感觉敏锐、想象丰富而且修养有素的灵魂，醉、梦或出神——其实只是各种不同的缘因所引起的同一的精神状态——往往带我们到那形神两忘的无我底境界。"人们的思维有抽象思维、形象思维、灵感思维，而灵感思维是进入了一种"物我两忘""形神两忘"的境界，渐渐沉入一种恍惚的状态。"在这难得的真寂顷间，再没有什么阻碍或扰乱我们和世界底密切的，虽然是隐潜的息息沟通了：一种超越了灵与肉、梦与醒、生与死、过去与未来的同情韵律在中间充沛流动着。"适度的饮酒可以使人的思维进入活跃和兴奋的状态，使人在艺术领域中无拘无束，自由驰骋，闪烁着灵感之光。这大概是艺术的理想创作状态。

二是活跃性。酒醉适度，常常可以使人进入潜意识心理状态，使情绪和思维高度活跃。"醉里不知谁是我"（辛弃疾《念奴娇·赋雨岩》），是忘我也；"身世酒杯中，万事皆空"（《浪淘沙·山寺夜半闻钟》），是无物也。忘我，则抛弃了一切个人内心的认识动机、意志感情；无物，则排除了外界事物的纷繁烦扰。进入潜意识创作状态，忘我表现为抛弃了干扰的逻辑思维，排除"理"障；无物则表现为排除了外界有限的物象、次序、形象、时间等限制，排除"事"障。排除了"理"障、"事"障，意味着艺术思维已经突破了语言、概念、逻辑、推理、物象的束缚，艺术家的创造力、想象力可以得到大幅提升，感而遂通，豁然开朗，自由挥洒。所以，艺术创作往往是在心理的无意识状态中攫取营养的，而醉酒，从某种意义上说，正为艺术创作创造了这种心理条件。正如李白诗云："巴陵无限酒，醉杀洞庭秋。"在酒精的催化下，恍惚中，洞庭之水幻化成无限美酒，醉杀了洞庭秋色，使之层林尽染、万山红遍。

　　三是灵感性。"感而遂通"，是六祖惠能讲的"顿悟"，是瞬间的电光石火，是突然的开窍和灵感。一酌一境，一旦进入酒的自由、解脱，达到"物我两忘"的终极境界时，人就超越了时空、物我的界限，迎来创作灵感迸发的最佳契机。屈原高呼"举世皆浊我独清，众人皆醉我独醒"，正是他在酒后的激越高亢下的真情吐露。李白、陶渊明、白居易、苏轼等诗人，正是在激情飞扬的状态下，写出了充满想象力的壮丽诗篇。他们对酒都有一种特殊的感情，从酒神那里寻找到创造力的迸发和充溢的动力。德国哲学家尼采说，酒神状态是"整个情绪系统激动亢奋"，是"情绪的总激发和总释放"，是"力的提高和充溢之感"，是为了追求一种解除束缚，复归本然的体验。

艺术家往往因酒打开了"本我"的阀门，从而进入了"自我"和"超我"的阶段，即获得了灵感的机缘，妙语佳句，随手拈来，随意赋形，处处珠玑，有如刘熙载在《艺概》中说的"天机之发，不可思议"。

饮到酣处，得意忘形，艺术大师们往往不以笔接，不以目遇，全然以神接之，信手涂之，即使是素琴无弦，也可以奏出抒发胸中逸气的乐章；即使是蓬发、草鞋、败笔、敝帚，也可作出人间最新最美的书画来。"草圣"张旭，用头发蘸饱翰墨可以写出神奇的狂草；米芾醉颠，"或以纸筋，或以蔗渣，或以莲房，皆可以为画"。他们的饮酒、狂放、不平，与中国艺术重神轻形、先虚后实的特殊规律妙合一契，全部融进他们的作品中，初看"龙飞凤舞"，细看却是传世神品，令人叹为观止。运酒心于文心、艺心之中，不能不说是中国文艺大师们奇特而成功的伟大创造。

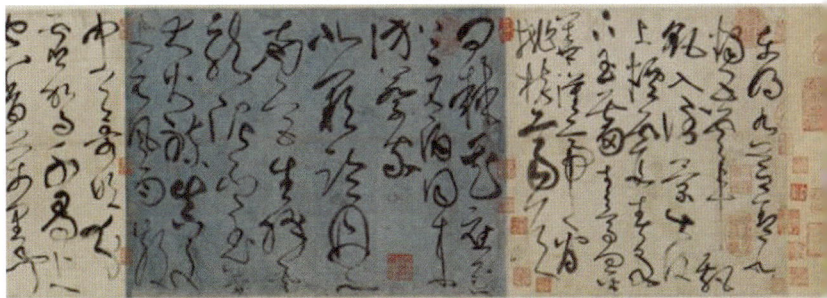

（唐）张旭草书《古诗四帖》（局部）

酒可以给人以胆略，给人以力量，也可以给人以灵感，给人以新的境界。清人唐宴在《饮酒》中写道："昌黎昔饮酒，为文俟其醺。张侯藉酒力，草圣卓不群。古人所以饮，为屏世虑纷。酒为翰墨胆，力可夺三军。夫岂乐为此，故违沫诰文。"

当然，我们并不是说在艺术创作中，酒是万能的；也并不是说酒可以代替艺术家的生活积累和知识积累。倘若是一个平凡的人，没有艺术文化的积淀，酒喝得再多，吐出的仍然是酒，而不是诗与文。这里讲的酒无疑是在艺术创作中起着发酵、催化的作用。

二、酒令之雅趣

中国人饮酒，往往伴随着娱乐活动，具有消遣的因素。为了增添酒席间的热闹气氛，先民们创造出很多佐觞活动，如传杯唱觥，赋诗猜谜，投壶击缶，起舞抛球等，由此而形成感染力极强的饮酒氛围。其中，最有创造力、最有吸引力的活动，便是集智慧与娱乐为一体的酒令游戏。

酒令起源于西周的酒官制度，最初的作用是限制饮酒、监督饮酒者不要失礼。《诗经》中有《宾之初筵》一章，描写了酒后失仪的种种醉态："凡此饮酒，或醉或否。既立之监，或佐之史。"但凡饮酒，要在现场设立监酒官，有的还设有史官。这个"监"和"史"都是为了对饮酒进行监督，防止滥饮和失仪。

（清）姚文瀚《岁朝欢庆图》（局部）

酒令始于秦汉时期，到唐代趋于丰富和完备，并发展成为浸染后代的饮酒文化。

早在先秦时期，人们就采用一些简单方式来活跃饮酒气氛，如投壶。直到汉代，饮酒游戏仍然比较简单，一般使用骰子、博具和纪数钱作为玩具。真正意义上的酒令是唐朝人首先发明并付诸实施的佐觞（劝酒）活动，它以文学表达为底蕴，以游戏娱乐为形式，调动饮酒者的高昂兴致，把饮酒从饮食推向了更有趣的娱乐园地。

酒令，是中国饮酒的民间风俗之一，是酒席上的一种助兴游戏，一般是指席间推举一人为令官，余者听令轮流说诗词、联语或其他类似游戏，违令者或输者罚饮，所以又称"行令饮酒"。行酒令时，喝酒的人把经史百家、诗文词曲、歌谣谚语、典故对联等文化内容都出神入化地囊括到酒令中去了。酒令是对人的聪明才智、知识水平、文学修养和应变能力的考验。从形式上看，酒令有诗词曲文类、游戏类；从内容上看，有俗令和雅令，俗令多以筹、辟、骰子、猜拳为形式，多凭"手气"或单纯的猜测、判断即可决定胜负，雅令则是以诗词曲文为令，需要参与者具有一定的文化修养。酒令融合了文学样式、游戏，具有娱乐性和情趣性。

（清）姚文瀚《岁朝欢庆图》（局部）

《酒谱》首先介绍了酒令的起源。《酒谱·酒令》："又云：'既立之监，或佐之史。'然则酒之立监史也，所以已乱而备酒祸也。后世因之，有酒令焉。"窦苹介绍，《诗经·小雅》中记载："设立了酒监，再设立史官辅助他"，如此说来，设立掌管酒事的监、史，是为了防止饮酒引发的祸乱。后世承袭这一做法，就有了酒令。可见，酒令最初是为了立规矩，维护饮酒的秩序。《酒谱·酒令》又说："魏文侯饮酒，使公乘不仁为觞政。其酒令之渐乎？""觞政"，也就是"酒纠"，行酒令时的令官。魏文侯在饮酒时让公乘不仁担任"觞政"。这大概就是酒令的发端吧？后来，酒令演变为饮酒游戏。

中国古代行酒令的方式很多，大体上可分为两大类，即文、武两种。武令也称为"拇战"，如划拳、猜拳、闹拳、击鼓传花等，场面较为喧闹；文令必须引经据典，分韵颂吟，当筵构思，对文化素养的要求较高。酒令充满着知识性、娱乐性和趣味性，体现了文人雅士将生活艺术化的雅趣。酒令随着社会的发展，花样翻新，五花八门。《酒谱》列举了酒令的几种形式：

（明）黄宸《曲水流觞图》（局部）

一是"**曲水流觞**"。《酒谱·酒令》："逸诗云'羽觞随波流'，后世浮波疏泉之始也。""羽觞随波流"，是将酒杯置于缓慢流动的水面上，使其漂流，停在谁的面前，那人便一饮而尽，并且作出诗来。这一习俗后来成为文人墨客诗酒唱酬的一种雅习。在王羲之写的《兰亭集序》中记载"此地有崇山峻岭，茂林修竹，又有清流激湍，映带左右，引以为流觞曲水，列坐其次"，说的就是这种游戏。

（清）樊圻《兰亭修禊图》（局部）

　　《酒谱·酒令》："唐柳子厚有《序饮》一篇，始见其以洄溯迟驶为罚爵之差，皆酒令之变也。"意思是说，唐代的柳宗元写过一篇《序饮》，其中首次提到以酒杯在水面漂浮的快慢作为罚酒的标准，这就是酒令的演变之一。

　　二是"藏钩之戏"。《酒谱·酒令》："又有藏钩之戏，或云起于钩弋夫人。有国色而手拳，武帝自披之，乃伸。后人慕之而为此戏。"钩弋夫人是汉武帝

的宠妃。钩弋夫人长得漂亮，她手掌拳曲，无法伸开，要汉武帝亲自为她分开，手掌才能伸展。后人仰慕此事而创设了这种"藏钩"游戏。白居易有"徐动碧芽筹""转花移酒海"之句，说的就是藏钩。

三是"捕醉仙法"。《酒谱·酒令》："有捕醉仙者，为禺人，转之以指席者。"这种玩法是转动一个玩偶，停下来时指到谁就罚那个人喝酒。这个玩法相当于后来的"击鼓传花"。一人击鼓，跟随鼓音，花在宾客间传递；鼓停，传递也停止，花在谁手上则饮酒。击鼓的人需用些技巧，节奏要时快时慢，造成一种捉摸不定的气氛。这是一种老少皆宜的酒令游戏，因其简单好玩，常受女宾的青睐。

四是"**手势令**"。《酒谱·酒令》："昔五代王章、史宏肇之燕，有手势令。"以前五代时的王章、史宏肇举办酒宴，有手势令。这种酒令后来演变为"划拳"或"猜拳"，最常见也最简单的就是"同数酒令"。此游戏规则是：参与者用手指表示特定的数字（拳头为0，大拇指为1，依此类推，五指全开为5），两人同时出手后，所出的手指数量相加必须等于某个特定的数，出手的同时每人报出一个数字，如果报出的数字与加数之和相同，则算赢家，输者需饮酒；如果两人报出的数字相同，则不计胜负，重新开始。

以上都是比较通俗、普通的酒令，还有一种是高雅的酒令，酒令内容蕴含高深的文化内涵，是文人雅士喜好的酒令。《酒谱·酒令》："若幽人贤士，既无金石丝竹之玩，惟啸咏文史，可以助欢，故曰'闲征雅令穷经史，醉听新吟胜管弦'。又云：'令征前事为，筋咏新诗送。'"意思是说，倘若是幽人贤士，既没有音乐可供娱乐，只有靠吟诵古籍中的既有文句按规定来行令助兴，因此说"闲时穷尽经史创作雅致的酒令，喝醉了听听新吟成的诗句"，其快乐胜过管弦奏乐。又有说法称：搜集掌故编成酒令，边喝边咏吟唱新诗。这里说的雅令就是先有一人出诗词或者出对子，为首令，然后其余的人再根据首令的意思进行续接，需在内容和形式上相符，否则就会被罚酒。这种酒令有如现在的智力比赛。行此雅令的人大多文化根底深厚，思维敏捷，要么是骚人墨客，要么是幽人雅士。王羲之等人的兰亭雅集就是这样的。雅令大致有几种形式：

一是对对子。如上联"孟尝门下三千客，大有同人"，下联"湟水渡头十万羊，未济小畜"，这是联句成对，对不上的罚酒一杯。

二是文字游戏拆合令。如拆字贯诗句："一卜为下，二人说话。一人争上，一人争下。青山在屋上，流水在屋下。"

三是离合字贯俗话。如"门口问信，人言不久便来。八刀分肉，内人私议不均。奴双手拿花，林化为萤飞起"。

（清）姚文瀚《岁朝欢庆图》（局部）

四是沾头续尾。此种令是当今在酒桌上常见的接龙游戏，由起令人抽取酒筹后起令，待起令人说出首句成语后，接令者须将该成语的最后一个字作为接句的第一个字。以此类推，接不上的人喝酒。

《红楼梦》可以说是一部酒令大全，对酒令的描写可谓绝妙之至，令人目不暇接。行酒令的场景在《红楼梦》里多次出现。这些行酒令不是简单的娱乐，而是充满文化意味的智力游戏。每个酒令不仅可以展现人物的性格和才情，在书中也具有谶语的作用。此处概括性地介绍几个酒令。例如：

女儿令。第二十八回写到，冯紫英、贾宝玉等人在冯家欢宴，贾宝玉提出的行令方法是：如今要说悲、愁、喜、乐四字，都要说出女儿来，还要注明这四字缘故。

贾宝玉行令道：

女儿悲，青春已大守空闺。女儿愁，悔教夫婿觅封侯。女儿喜，对镜晨妆颜色美。女儿乐，秋千架上春衫薄。

有人说好，有人说不好，于是宝玉唱道：

滴不尽相思血泪抛红豆，开不完春柳春花满画楼。睡不稳纱窗风雨黄昏后，忘不了新愁与旧愁。咽不下玉粒金莼噎满喉，照不见菱花镜里形容瘦。展不开的眉头，捱不明的更漏。呀！恰便似遮不住的青山隐隐，流不断的绿水悠悠。

宝玉饮了门杯，便拈起一片梨来，说道：

雨打梨花深闭门。

冯紫英接着说：

女儿悲，儿夫染病在垂危。女儿愁，大风吹倒梳妆楼。女儿喜，头胎养了双生子。女儿乐，私向花园掏蟋蟀。

说毕，端起酒来，唱道：

你是个可人，你是个多情，你是个刁钻古怪鬼灵精，你是个神仙也不灵。我说的话儿你全不信，只叫你去背地里细打听，才知道我疼你不疼！

唱完，饮了门杯，说道：

鸡声茅店月。

云儿接着道：

女儿悲，将来终身指靠谁？女儿愁，妈妈打骂何时休！女儿喜，情郎不舍还家里。女儿乐，住了箫管弄弦索。

说完了，云儿又唱道：

豆蔻开花三月三，一个虫儿往里钻。钻了半日不得进去，爬到花儿上打秋千。肉儿小心肝，我不开了你怎么钻？

云儿唱毕，饮了门杯，便拈起一个桃来，说道：

桃之夭夭。

轮到薛蟠，薛蟠粗陋无知，急得眼睛铃铛一般，瞪了半日，才说道：

女儿悲，嫁了个男人是乌龟。女儿愁，绣房撺（蹿）出个大马猴。女儿喜，洞房花烛朝慵起。女儿乐，一根乩耙往里戳。

薛蟠说罢唱道：

一个蚊子哼哼哼，两个苍蝇嗡嗡嗡。

蒋玉菡最后说：

女儿悲，丈夫一去不叫归。女儿愁，无钱去打桂花油。女儿喜，灯花并头结双蕊。女儿乐，夫唱妇随真和合。

说毕，唱道：

可喜你天生成百媚娇，恰便似活神仙离碧霄。度青春，年正小；配鸾凤，真也着。呀！看天河正高，听谯楼鼓敲，剔银灯同入鸳帏悄。

说毕，蒋玉菡饮干了酒，念道：

花气袭人知昼暖。

在这个酒令里，贾宝玉引用了王昌龄的《闺怨》，又巧妙化用了李清照的《点绛唇》里的"蹴罢秋千，起来慵整纤纤手。露浓花瘦，薄汗轻衣透"，这四句酒令将女儿一生的不同阶段串联起来，展现出女儿在不同阶段的精神状态，将贾宝玉对女儿的怜惜和体贴体现得耐人寻味。

贾宝玉自吟自唱的是《红豆曲》，这首《红豆曲》语言精练优雅，意境凄楚动人，将贾宝玉的满腔愁绪表达得感人至深。这首《红豆曲》是写给林黛玉的。"滴不尽相思血泪抛红豆"正是林黛玉的生活写照，寓意林黛玉绛珠仙草的前世以及"还泪"的宿命。但是，这首《红豆曲》又不完全是写给林黛玉的，也是写给大观园里像林黛玉那样超凡脱俗，却又楚楚可怜、多愁善感的薄命女性的。蒋玉菡的酒令写的是花袭人，也寓意着他与袭人未来的命运。云儿和薛蟠的酒令显得粗俗，甚至有点儿下流的味道，但也符合他们的身份和品性。

押韵令。小说第四十回写的是"史太君两宴大观园　金鸳鸯三宣牙牌令"，游戏规则是每一句词都要和骨牌的内容相吻合，还要押韵。

（清）姚文瀚《岁朝欢庆图》（局部）

贾母提议宴会行酒令，鸳鸯自告奋勇担任令官。鸳鸯宣布了规则：如今我说骨牌副儿，从老太太起，顺领说下去，至刘姥姥止。比如我说一副儿，将这三张牌拆开，先说头一张，次说第二张，再说第三张，说完了，合成这一副儿的名字。无论诗词歌赋，成语俗话，比上一句，都要叶韵。错了的罚一杯。贾母、薛姨妈、湘云、宝钗、黛玉、刘姥姥分别行令，做得最好的是史湘云。

鸳鸯又道："有了一副。左边'长幺'两点明。"

湘云道："双悬日月照乾坤。"

鸳鸯道："右边'长幺'两点明。"

湘云道："闲花落地听无声。"

鸳鸯道："中间还得'幺四'来。"

湘云道："日边红杏倚云栽。"

鸳鸯道："凑成'樱桃九熟'。"

湘云道："御园却被鸟衔出。"

"双悬日月照乾坤"和"日边红杏倚云栽"是两句非常大气的诗，让人觉得生活充满希望，符合史湘云爽朗不羁、乐观开朗的性格。而"闲花落地听无声"体现了史湘云如闲云野鹤一般洒脱、优雅、淡然、率真的性格。

射覆令。这是一种猜谜游戏，把某物隐藏起来即为"覆"，让人猜即为"射"。小说第六十二回"憨湘云醉眠芍药裀　呆香菱情解石榴裙"，写了贾宝玉过生日，史湘云给贾宝玉出了一个难题："酒面要一句古文，一句旧诗，一句骨牌名，一句曲牌名，还要一句时宪书上的话，总共凑成一句话。酒底要关人事的果菜名。"

众人听了觉得这个酒令"比人唠叨，倒也有意思"。结果，贾宝玉一时说不出来，林黛玉就替贾宝玉说："落霞与孤鹜齐飞，风急江天过雁哀，却是一只折足雁，叫的人九回肠，这是鸿雁来宾。"说出酒底"榛子非关隔院砧，何来万户捣衣声"。

"落霞与孤鹜齐飞"出自王勃的《滕王阁序》，是其中的写景名句，这一句充满画面感，也具有灵动的韵味，是一句古文；"风急江天过雁哀"，出自陆游《寒夕》里的"风急江天无过雁"，是一句旧诗；"折足雁"是骨牌名；"鸿雁来宾"出自《礼记·月令》，是秋季的标志，大雁南归。"榛子非关隔院砧，何来万户捣衣声"巧妙化用李白《子夜吴歌·秋歌》里的

"长安一片月，万户捣衣声"。酒底的榛子，是一种坚果名。

林黛玉说的酒令里出现最多的就是雁。《红楼梦》第二十八回里，林黛玉把贾宝玉比喻为"呆雁"。林黛玉酒令里出现的雁是一只飘零的雁，是一只憔悴的雁，是一只风雨飘摇中的雁。这只雁象征家族败落后处境艰难的贾宝玉。而"榛子非关隔院砧，何来万户捣衣声"，则体现出林黛玉对贾宝玉的牵挂与担忧。

根据脂砚斋的批语，林黛玉是因为担心贾宝玉而伤心以至泪尽而亡的。林黛玉最珍惜的就是贾宝玉。她是带着对贾宝玉的一腔深情、带着对贾宝玉的无限怀念离开的。

抽签令。第六十三回里的"寿怡红群芳开夜宴"是贾府最后的青春盛宴，众人一起抽花签。这些花签是命运的谶语，一生的注脚。

麝月抽到的是"开到荼蘼花事了"，这一句诗出自宋代王琪的《春暮游小园》。花签上还写着"在席各饮三杯送春"，与第五回里贾惜春判词里的"勘破三春景不长"以及秦可卿对王熙凤说的"三春去后诸芳尽，各自须寻各自门"是一样的，是贾府落败的谶语。

香菱抽到的花签上写着"连理枝头花正开"。这句诗出自宋代朱淑真（一说朱淑贞）的《落花》，下一句是"妒花风雨便相催"。因此，香菱抽到的花签看似吉利，却暗示了香菱被夏金桂折磨而死的悲惨结局。

击鼓传花令。这是贾府最后一次宴会行的酒令。第七十五回"开夜宴异兆发悲音　赏中秋新词得佳谶"中，贾母便命折一枝桂花来，命一媳妇在屏后击鼓传花。若花在手，饮酒一杯，罚说笑话一个。这个酒令，文化含量不高，他们讲的笑话，一点儿幽默感也没有，且贾赦讲的故事还有影射贾母偏心之意，令贾母不快。

总而言之，《红楼梦》里的酒令不仅和故事情节结合得水乳交融，体现出作者构思的精巧，也和人物的性格与命运息息相关，值得细细品读。

三、酒文之意远

《酒谱·酒之文》选载了两篇散文①，下面分别对两篇散文作一些述评。

（一）刘伶的《酒德颂》

刘伶是竹林七贤之一，经常醉酒，而且喝酒喝出病来，他的夫人劝他戒酒，他表示马上戒酒，对夫人说："为了表示我戒酒的诚意，我要向鬼神发誓祷告，你去准备向鬼神祷告的酒肉吧。"夫人信以为真，准备好酒肉，放在神案上，刘伶跪在地上发誓道："天生刘伶，以酒为名，一饮一斛，五斗解酲。妇人之言，慎不可听！"然后他饮酒吃肉，喝得大醉。夫人被气得七窍生烟。《酒谱·乱德》："刘伶尝乘鹿车，携一壶酒，使人荷锸随之，曰：'死便埋我。'"刘伶可以称得上名副其实的酒鬼，他曾经乘着鹿车，带着

---

① 选用版本参见：（宋）窦苹著，石祥编著：《酒谱》，北京：中华书局 2010 年版。两篇散文原文选用时根据古籍有作出修改。

一壶酒出游，他让人扛锹随行，对那人说："我要是死了，你便就地把我埋了。"这就是"鹿车落锸"这一典故的来历，从这个故事中可以看到刘伶对生死的超然，嗜酒如命、桀骜不驯的性情和幽默可爱。

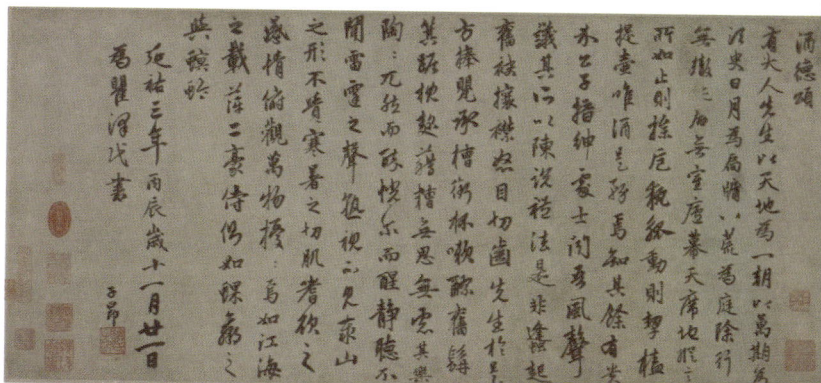

（元）赵孟頫行书《酒德颂》卷（局部）

刘伶的《酒德颂》是他唯一传世的文章，是他醉余用疏懒的笔法画出的自画像。《酒德颂》云：

有大人先生，以天地为一朝，万期为须史，日月为扃牖，八荒为庭衢。行无辙迹，居无室庐，幕天席地，纵意所如。止则操卮执觚，动则挈榼提壶。唯酒是务，焉知其余。

有贵介公子，缙绅处士，闻吾风声，议其所以。乃奋袂扬襟，怒目切齿，陈说礼法，是非蜂起。先生于是方捧罂承槽、衔杯漱醪；奋髯箕踞，枕曲藉糟；无思无虑，其乐陶陶。兀然而醉，豁尔而醒。静听不闻雷霆之声，熟视不睹泰山之形，不觉寒暑之切肌，利欲之感情。俯观万物，扰扰焉如江海之载浮萍；二豪侍侧，焉如蜾蠃之与螟蛉。

这篇散文的大意是：

有位德行高尚的大人先生，把天地开辟当作一天，把一万年当作一刹那，把天上的日月当作自己屋子的门窗，把辽阔的远方当作自己的庭院。他行不留迹，居无定所，以天为帐幕，以大地为卧席，行事随心所欲，随遇而安。停歇时，他便捧着卮子，端着酒杯；走动时，他也提着酒壶。他只以喝酒为要事，又怎肯理会酒以外的事！

有显贵的王孙公子和士人隐士，听说关于大人先生的传闻，便议论起他的所作所为。公子士人们便挽起袖子，撩起衣襟要动手，瞪大两眼，咬牙切齿，陈说着世俗礼法，分辨是非，争议不休。当公子士人们讲得正起劲时，大人先生却捧起了酒瓮衔着酒杯饮酒，喝着浊酒；他抖动着胡须，箕踞而坐，枕着酒曲，垫着酒糟，无忧无虑，陶陶然进入快乐乡。他突然而醉，又豁然醒来。他静心听时，听不到雷霆的巨声；他用心看时，连泰山那么大也看不清；寒暑冷热的变化，他感觉不到；利害欲望这些俗情，也不能让他动心。俯视天下万物，纷纷扰扰如同江海飘着浮萍；公子士人在他身边，认为自己比蜾蠃与螟蛉还不如。

刘伶在司马氏当权之际，对其政令十分不满，他遂放浪形骸，终日与酒为伴。《酒德颂》借酒表达其蔑视名教礼法的精神风貌。《酒德颂》首先以如椽之笔，勾勒了一位顶天立地、超越时空的"大人先生"形象。他，"以天地为一朝，万期为须臾"，缩长为短，缩久远为一瞬，以极夸张的手法表现了对时空的跨越，作者展开想象的翅膀，站在宇宙的高度，俯视天地、人世的变幻，自然感觉渺小微末，那何必斤斤于一旦之交，汲汲于一夕之化。他以"日月为扃牖，八荒为庭衢"，缩大为小，缩旷远为门庭，其胸怀之广阔，其眼界之高远，超尘拔俗。为"酒德"铺设一幅特大的背景。而后描写了"大人先生"豪放不羁、天当幕被、地当茵席、纵意所如、随心所欲的心志，引出"酒"字，切入正题。他已不是痛饮，而是狂饮。无论是静止时分还是行动时刻，不是"操卮执觚"，就是"挈榼提壶"，始终与酒为徒，"唯酒是务"。这篇文章表现了刘伶是一位追求傲然世俗、卓然迥立之理想的人物，文中包藏着愤世嫉俗的情愫。

其次，围绕"酒"字，展开了饮与反饮的矛盾冲突，使文章波折起伏，激荡回转。"贵介公子""闻吾风声，议其所以"，一"闻"一"议"，显示了这些人狭隘的心胸和饶舌的伎俩："议"之不过瘾，乃至于"奋袂扬襟，怒目切齿"，作者连用"奋""扬""怒""切"四个动词，活脱脱描画出这批人围而攻之、气势汹汹的狰狞面貌。他们"陈说"的核心，自然是"礼法"，"是非"之说，蜂拥而起。根本没有直率之人的立足之地，没有耿介之士的容身之处。以上描述，绝不是作者的随意想象，而是对当时黑暗腐败政治的一种概括和反映，真切而动人。

最后，写了"大人先生"对公子、处士攻击的回答。"大人先生"以旷达的本性、率真的行为来冲破他们的名教礼法，于是索性变本加厉，放怀畅饮，坐则"奋髯箕踞"，越礼犯分；卧则"枕曲藉糟"，无法无天。"大人先生"心安理得，"无思无虑，其乐陶陶。兀然而醉"。这一系列倨傲不恭的行为，无疑是对那所谓的礼教的最大挑战，也是对"公子""处士"的最大棒喝，表达了"大人先生"不为利欲所惑，甘居淡泊的高尚品德。《评注昭明文选》说："酒中忘思虑，绝是非，不知寒暑利欲，此便是德。"那位"大人先生"虽沉湎于酒，却不沉湎其心，酒德由是而兴；而那些公子、处士虽不沉湎于酒，却沉湎于礼法，越是满口的说教越显示出他们的无德。所谓的"有德者"最无德，"无德者"最有德，正是这篇文章的题旨所在。

这篇骈文全篇以一个虚拟的"大人先生"为主体，刻画出"大人先生"倨狂、放逸的自我形象，借饮酒表明了一种随心所欲、纵意所如的生活态度，并对封建礼法和士大夫们作了辛辣的讽刺。"大人先生"有飘然出尘、凌云傲世之感。

（二）王绩的《醉乡记》

王绩一生性情旷达，嗜酒如命，被尊为"斗酒学士"。曾因出任太乐丞，可以喝到太乐署史焦革酿的酒而主动出仕的。后因史焦革及其妻子相继去世，没有美酒享受，王绩弃官而去。

酒可以说是王绩精神上的寄托物，生逢乱世，只能以酒解忧，以酒消愁。受道家思想的影响，王绩纵酒自适，歌颂陶渊明，赞颂阮籍、嵇康。其《醉乡记》《五斗先生传》《酒赋》《独酌》《醉后》等诗文，均被太史令李淳风誉为"酒家之南董"。

《醉乡记》这篇散文洋溢着自然淳朴、清静无为的道家气息，带有《桃花源记》的印记。所不同的是，《醉乡记》行文亦庄亦谐，充满荒诞的意味。原文如下：

醉之乡不知去中国其几千里也。其土旷然无涯，无丘陵阪险。其气和平一揆，无晦朔寒暑；其俗大同，无邑居聚落。其人湛静，无忧憎喜怒；吸风饮露，不食五谷。其寝于于，其行徐徐。与鸟兽鱼鳖杂处，不知有舟车器械之用。

昔者黄帝氏尝获游其都，归而杳然弃天下，以为结绳之政已薄矣。降及尧舜，作为千钟百壶之献，因姑射神人以假道，盖至其边鄙，终身太平。禹汤立法，礼繁乐杂，数十代与乡隔。其臣羲和弃甲子而逃，觖臻其乡，失路而道夭，故天下遂不宁。至乎子孙桀纣，怒而升其糟丘，阶级千仞，南面望幸，不见醉乡。武王得志于世，乃命公旦立酒人氏之职，司典五齐，拓土七千里，几与醉乡达焉，二十年刑不用。下逮幽厉，迄乎秦汉，中国丧乱，遂与醉乡绝矣。而臣下之爱道者往往窃至焉。阮嗣宗、陶渊明十数人等，并游于醉乡，没身不返，死葬其壤，中国以为酒仙云。

嗟呼！醉乡氏之俗，岂华胥氏之国乎？何其淳寂也如是。今余将游焉，故为之记。

《醉乡记》的大意是：醉乡，距离中原不知有几千里远。那里土地无垠，没有丘陵和险阻。气候四季如春，没有晦朔冷热的变化；风俗人情有如大同世界，没有村落都市。那里的人非常诚实淳朴，心态平静，没有忧怒爱憎；他们呼吸清风，畅饮甘露，不吃五谷。睡觉的时候舒适自得，走路时慢慢悠悠。他们与鸟兽鱼鳖居住在一起，不知道使用车、船等机巧器物。

以前，黄帝曾经游览过醉乡的都城，回来以后，茫茫若失，好像丧失了天下一般，认为用结绳记事的办法治理天下也未必是善政，相比醉乡，可谓浅薄。往后，到了尧和舜的时候，准备了大量的美酒和粮食作为礼物，从姑射神人那儿借了一条道路，大概到了醉乡的边邻，因而终身太平无事。夏禹、商汤创立法制，礼节繁缛，音乐芜杂，与醉乡隔离数十代。他们的大臣羲和放弃了掌管天文历法的职责出逃，希望到达醉乡，结果迷失了道路，半途夭亡，从此，天下便不得安宁。到了禹、汤的后代，夏桀和商纣趾高气扬，顺着千仞高的台阶，登上酒渣堆积的糟丘，向南方遥望，最终也没有看见醉乡。周武王达成统一天下的大志，命令他的弟弟周公姬旦设立了酒人氏这一官职，掌管五齐，扩大疆域七千里，几乎与醉乡相连，因此，二十多年无人犯法，各种刑罚搁置不用。往后到周幽王、周厉王，再往后到秦朝和汉朝，中国陷入了混乱状态，于是便与醉乡隔绝。不过臣民中得道的人往往有偷着去的。阮籍、陶渊明等数十人都游览过醉乡，终身不返，死后便埋葬在醉乡的土地上，中原人便把他们当作了酒仙。

啊！醉乡的风俗，难道是古代的华胥国吗？为什么这样清静淳朴呢？我曾经游览过醉乡，所以为其写了这篇记。

王绩在《醉乡记》中描绘了一个古风古俗理想的醉乡王国，在这个王国，自然环境优美，四季如春，人情淳朴，人人平等，心态平静，没有忧怒爱憎，生活悠闲，人与自然和谐相处，社会太平，是一个大同社会，阮籍、陶潜等乐而忘返。"醉乡"就是一个酣醉之乡，也就是一个自由、放达、理想的世界，其文朴实自然、充溢着浪漫主义气息。

四、酒诗之情长

（一）酒是文人创作的催化剂

中国是酒的故乡，也是诗的国度。诗从诞生之日起，就与酒结下了不解之缘。中国古典文学作品中，酒成为文人经常吟咏的题材，借酒劝世、出世、消愁、韬晦、放浪、旷逸，酒成为名士表现风流、咏唱的主题。数千年来，诗与酒结下了不解之缘。古代帝王祭祀山川、祖宗和举行朝廷大典，都要奉献诵诗；唐朝在乡试饮酒礼中要诵《鹿鸣》之诗，称为"鹿鸣宴"。此后，文人雅士常常与诗酒为伴，出现了有名的竹林之饮、金谷宴集、兰亭修禊等诗酒会。从宫廷到民间，酒与诗结下不解之缘，不仅满足了人们物质生活的需要，也满足了人们精神生活的需要。

（南唐）顾闳中《韩熙载夜宴图》（局部）

酒与诗具有天生的联系，诗是抒情的艺术，而酒则是催情剂，酒可以壮怀抒情。《北山酒经》："善乎，酒之移人也！惨舒阴阳，平治险阻，刚愎者熏然而慈仁，懦弱者感慨而激烈。"意思是说，酒，真是太好了，它能使人作有益的改变。使人在阴阳变化中调节情绪，在艰难险阻中平衡心态，使刚愎自用的人变得温和仁慈，懦弱胆小的人变得慷慨激昂。酒能调动、调节人的情绪，而使人兴致勃发。对花赏月，饮酒作诗，这大概是文人的一大雅兴，高兴时"白日放歌须纵酒"，忧伤时"举杯消愁愁更愁"。对酒当歌是"一曲新词酒一杯"，出猎时饮一杯"酒酣胸胆尚开张"，钓鱼前备一壶则"山似翠，酒如油，醉眼看山百自由"。酒逢知己千杯少，美酒、美景、知己聚在一起，则在情调之外更显情味。无友只能"举杯邀明月"，有友则可"把酒话桑麻"了。故友相逢要携酒高歌，"一壶浊酒喜相逢"，而说不尽的离愁别绪，也更在酒中"劝君更尽一杯酒，西出阳关无故人"。

正因为如此，酒与诗的结合产生了许多不朽的诗篇。自古以来，诗人大都因酒而诗兴勃发，在璀璨的诗篇里，处处留有扑鼻的酒香。美酒加上美景，产生了美诗。诗酒交融形成了诗人独特的创作方式。古人元好问诗云"一饮三百杯，谈笑成歌诗"（《后饮酒五首·其四》）；"兼忘物与我，更觉此翁贤"（《后饮酒五首·其五》）。

（清）黄鼎 《醉儒图》

酒是我国源远流长的诗歌创作的催化剂。先秦时代是中国酒文化的启蒙时期，也是中国古诗歌发展的第一个里程碑。中国第一部诗歌总集《诗经》共305篇，其中涉及酒的诗歌达50篇之多。《诗经》分为风、雅、颂，"风"部分多为抒忧解愁，"雅"的部分多为写祭祀宴请活动和日常生活，"颂"部分多为对君王的歌功颂德。其中有一首诗咏唱了君子饮酒的礼仪。如《诗经·小雅·瓠叶》：

幡幡瓠叶，采之亨之。君子有酒，酌言尝之。
有兔斯首，炮之燔之。君子有酒，酌言献之。
有兔斯首，燔之炙之。君子有酒，酌言酢之。
有兔斯首，燔之炮之。君子有酒，酌言酬之。

这首诗意思是说：随风飘动瓠瓜叶，把它采来细烹饪。君子家中有美酒，斟满请客来品尝。白头野兔体儿圆，烤它煨它味道美。君子家中有美酒，斟满敬客喝一杯。白头野兔肉儿嫩，烤它熏它成佳肴。君子家中有美酒，斟满回敬礼节到。白头野兔肥又嫩，煨它烤它成美味。君子家中有美酒，斟满欢迎又一杯。

诗中写到了饮酒先"尝"，然后是"献"，再为"酢"，最后是"酬"，宾主欢洽和谐，溢于言表。

《诗经》中有中国文学史记录饮酒场面最早的诗歌，《小雅·宾之初筵》曰：

宾之初筵，温温其恭，其未醉止，威仪反反。曰既醉止，威仪幡幡。舍其坐迁，屡舞仙仙。其未醉止，威仪抑抑。曰醉既止，威仪怭怭。是曰既醉，不知其秩。

宾既醉止，载号载呶，乱我笾豆，屡舞僛僛。是曰既醉，不知其邮，侧弁之俄，屡舞傞傞。既醉而出，并受其福，醉而不出，是谓伐德。饮酒孔嘉，维其令仪。

这里对酒宴人们饮酒的状态进行生动的描绘。初期宾客们温文尔雅；其次，小心翼翼，也即良恭谨言；再次，醉态百出，有翩翩起舞的，有打翻食器的，有左摇右晃的，也有胡言乱语的。大凡醉酒皆有败德的行为，故凡饮酒应有所节制，保持美好的仪态。这首诗对饮酒的状态可以说描写得惟妙惟肖，且表明了要遵循酒礼的风范，是酒诗的一首杰作。

汉代的诗人开饮酒与人生的感悟之先河。乐府《西门行》晋乐所奏曲辞：

出西门，步念之。今日不作乐，当待何时？夫为乐，为乐当及时。何能坐愁怫郁，当复待来兹？饮醇酒，炙肥牛，请呼心所欢，何用解愁忧。人生不满百，常怀千岁忧。昼短而夜长，何不秉烛游？自非仙人王子乔，计会寿命难与期。人寿非金石，年命安可期？贪财爱惜费，但为后世嗤。

诗中让人们放弃对长生不老的奢望和对钱财的贪念，主张借酒行乐。

魏晋时代，诗酒会琳琅满目，花样繁多，名气较大的有竹林之饮、金谷宴集、兰亭修禊。曹操在赤壁大战前夕，临江酾酒，"横槊赋诗"，感慨"对酒当歌，人生几何"，"何以解忧，唯有杜康"，成为广为传诵的名句。东晋诗人陶渊明的诗有一半谈到酒。例如：

（一）

衰荣无定在，彼此更共之。

邵生瓜田中，宁似东陵时！

寒暑有代谢，人道每如兹。

达人解其会，逝将不复疑；

忽与一樽酒，日夕欢相持。

（二）

秋菊有佳色，裛露掇其英。

泛此忘忧物，远我遗世情。

一觞虽独尽，杯尽壶自倾。

日入群动息，归鸟趋林鸣。

啸傲东轩下，聊复得此生。

（三）

有客常同止，取舍邈异境。

一士常独醉，一夫终年醒，

醒醉还相笑，发言各不领。

规规一何愚，兀傲差若颖。

寄言酣中客，日没烛当秉。

（四）

青松在东园，众草没其姿，

凝霜殄异类，卓然见高枝。

连林人不觉，独树众乃奇。

提壶抚寒柯，远望时复为。

吾生梦幻间，何事绁尘羁。

唐代，诗歌兴盛，诗人们喝酒成风。李白、杜甫、白居易等人的名作常在饮酒微醉中写成。李白自称"会须一饮三百杯"；杜甫感叹："宽心应是酒，遣兴莫过诗。此意陶潜解，吾生后汝期"；白居易邀请友人促膝对酌："绿蚁新醅酒，红泥小火炉。晚来天欲雪，能饮一杯无？"孟浩然用酒拉近了人与人之间的距离："开轩面场圃，把酒话桑麻"；元结以酒遣兴："我持长瓢坐巴丘，酌饮四坐以散愁。"酒与诗相互交融，酒催诗情，诗发酒香。

酒能使人脱离世俗的困扰，写出富有真情的诗篇。中国诗酒文化，逐渐发展成为一个独立文化体系。纵观诗酒文化发展史，酒醉诗情，诗美酒醉；诗借酒神采飞扬，酒借诗醇香飘溢。诗与酒，相映生辉，形成绚烂的文明景观。

（明）张鹏《渊明醉归图》

"自古文人爱美酒，诗文伴酒传千秋。"在中国这个盛行饮酒的国度中，最能得到"酒旨"的族群便是文士才子、诗人墨客。他们在"酒酣意放"之后，以最丰富的情感、最敏锐的洞察力，将横溢的才华倾注于高山与沧海，"驱动笔端，窥造化而见长性"，洋洋洒洒，写出了最为壮美的辞章，可以说是"兴酣落笔摇五岳，诗成笑傲凌沧洲"。他们讴歌生活，感叹人生，给后世留下了极为宝贵的精神财富。

　　数以万计的咏酒诗词，铸成了辉煌的酒文化艺术高峰。有人曾做过粗略的统计，咏酒诗词流传至今的有万首之多，仅"六十年间万首诗"的爱国诗人陆游就有咏酒诗作3400余首，其中不乏优秀的佳作名篇。

（二）《酒谱》内外的文人

　　《酒谱·温克》："李白每大醉为文，未尝差误，与醒者语，无不屈服，人目为醉圣。乐天在河南，自称醉尹。皮日休自称醉士。"意为李白每次大醉后写文章，没有一点儿差错，和清醒的人畅谈，分毫不差，大家都被他折服，人们视他为"醉圣"。白居易在洛阳做官，自称"醉尹"。皮日休自称"醉士"。

《酒谱》在这里讲了三位有代表性的诗人。在中国诗歌史上，饮酒吟诗的诗人多不胜数，借酒咏怀的诗歌也蔚为壮观。

1. 《酒谱》内的文人

（1）"醉圣"李白

李白（701—762年），祖籍陇西成纪（今甘肃天水附近），字太白，号青莲居士，又号"谪仙人"，是盛唐最杰出的诗人之一，也是我国文学史上继屈原之后又一伟大的浪漫主义诗人。在李白流传下来的约1000首诗中，说到饮酒的有170首。李白是诗仙也是酒仙。为了喝酒，李白"千金买一醉"，甚至不惜"五花马，千金裘，呼儿将出换美酒"。李白喝酒豪放、挥洒、飘逸、浪漫，也癫狂、放任，更纵情。李白在写给妻子的《赠内》一诗中写道："三百六十日，日日醉如泥。"《襄阳行》充分表现了李白的浪漫主义，他一路行，一路酒，一路醉，一路歌。有人说李白才高八斗，气高十丈，他不想被庙堂束缚，便有了豪放、飘逸、神妙的诗句，因此李白的好诗、好句、好情、好意都在酒后呈现，这也许是酒的催化之功。故李白有"醉圣"之名。

杜甫在《饮中八仙歌》中，写了唐代的八个酒仙，李白的形象最突出，他赞美李白的率直、率真和傲骨，诗曰："李白一斗诗百篇，长安市上酒家眠。天子呼来不上船，自称臣是酒中仙。"酒后的李白豪气纵横，狂放不羁，桀骜不驯，傲视王侯。李白的酒诗主要有《将进酒》《把酒问月》《客中行》《月下独酌》《对酒》等。这些诗中瑰丽的想象、美好的理想、深深的情感令人仰慕！

在李白的生活中，时刻有酒相伴。在月下、在花间、在舟中、在亭阁，以及在显达得意之时、在困厄郁闷之际，李白常常在饮酒，无时不在深醉中。"但使主人能醉客，不知何处是他乡"，只要有美酒，只要能畅快痛饮，李白甚至可以"认他乡为故乡"。酒可以麻醉人，也可以释放真性情！

李白的饮酒诗多为通达自然之道。《月下独酌·其二》可以说是他的饮酒宣言：

天若不爱酒，酒星不在天。地若不爱酒，地应无酒泉。天地既爱酒，爱酒不愧天。已闻清比圣，复道浊如贤。贤圣既已饮，何必求神仙。三杯通大道，一斗合自然。但得酒中趣，勿为醒者传。

李白认为饮酒是天地之道，天地都爱酒，何况是人，这是他喝酒的理论依据，他自称"兴酣落笔摇五岳，诗成笑傲凌沧洲"。

（明）祝允明《草书李白诗二首》（局部）

李白的饮酒诗，多为表达壮志豪情。李白一心建功立业，为国尽忠。天宝元年（742），唐玄宗下诏征召李白入京，为翰林供奉，此刻，他的心情是喜悦的，神采飞扬，踌躇满怀全都化入了酒香之中。他在《南陵别儿童入京》中云：

白酒新熟山中归，黄鸡啄黍秋正肥。

呼童烹鸡酌白酒，儿女嬉笑牵人衣。

高歌取醉欲自慰，起舞落日争光辉。

游说万乘苦不早，著鞭跨马涉远道。

会稽愚妇轻买臣，余亦辞家西入秦。

仰天大笑出门去，我辈岂是蓬蒿人。

"我辈岂是蓬蒿人"，表达了李白的自信、傲气和豪情，是对自我的充分肯定以及超越常人的自信。

李白的饮酒吟诗，多为表达心中孤寂。李白认为圣贤由于不被人理解，往往处于孤独的状态。在《月下独酌·其一》中云：

花间一壶酒，独酌无相亲。

举杯邀明月，对影成三人。

月既不解饮，影徒随我身。

暂伴月将影，行乐须及春。

我歌月徘徊，我舞影零乱。

醒时同交欢，醉后各分散。

永结无情游，相期邈云汉。

这首诗首先说的是天上月、花前影、醉中人。"举杯邀明月，对影成三人"，月、人、影幻出三人，觅月影相伴，愈形其孤独。后面则表达"行乐须及春"的旷达、潇洒的情怀。

李白的饮酒吟诗，多为借酒宣泄胸中的烦闷。李白由于壮志未酬，怀才不遇，产生了满腔的愁绪。在《宣州谢朓楼饯别校书叔云》中说：

弃我去者，昨日之日不可留。
乱我心者，今日之日多烦忧。
长风万里送秋雁，对此可以酣高楼。
蓬莱文章建安骨，中间小谢又清发。
俱怀逸兴壮思飞，欲上青天揽明月。
抽刀断水水更流，举杯消愁愁更愁。
人生在世不称意，明朝散发弄扁舟。

本想借酒消愁，无奈举杯更添无限的愁绪，如果"人生在世不称意"，不如远离官场，泛舟于江湖，过闲云野鹤的生活。

李白的饮酒吟诗，多为表达浓浓的友情，他是一个极重友情的人，酒有时表达了他对友人无尽的思念和依依不舍的情感。他在《山中与幽人对酌》中云："两人对酌山花开，一杯一杯复一杯。我醉欲眠卿且去，明朝有意抱琴来。"佳朋对酌，一杯接一杯。酒中饮的是陶醉明月，山高水长。在《金陵酒肆留别》中，李白写道："风吹柳花满店香，吴姬压酒劝客尝。金陵子弟来相送，欲行不行各尽觞。请君试问东流水，别意与之谁短长。"这是李白离开南京东游扬州时留赠友人的诗篇，诗句描绘了离情别绪，诗味如酒味，醇厚、豪迈而不哀伤。在《赠孟浩然》中，李白写道："吾爱孟夫子，风流天下闻。红颜弃轩冕，白首卧松云。醉月频中圣，迷花不事君。高山安可仰，徒此揖清芬。"孟夫子少不适俗，隐居山林，常月下饮酒而醉，高尚不仕，这首诗表达了诗人深切敬慕之情，同时也抒发了李白与友人孟浩然在思想感情上的共鸣，对友人高风清致性情的赞赏。

李白的饮酒吟诗，多为表达通达旷逸的情怀。李白是一个理想主义者，具有浪漫主义的情怀。在《将进酒》里，李白认为人生要对酒当歌，及时行乐，"君不见，黄河之水天上来，奔流到海不复回。君不见，高堂明镜悲白发，朝如青丝暮成雪。人生得意须尽欢，莫使金樽空对月。天生我材必有用，千金散尽还复来。烹羊宰牛且为乐，会须一饮三百杯。岑夫子，丹丘生，将进酒，杯莫停。与君歌一曲，请君为我倾耳听。"他认为人生要一醉方休，酒是消除寂寞、忧愁的极品，"钟鼓馔玉不足贵，但愿长醉不复醒。古来圣贤皆寂寞，惟有饮者留其名。陈王昔时宴平乐，斗酒十千恣欢谑。主人何为言少钱，径须沽取对君酌。五花马，千金裘，呼儿将出换美酒，与尔同销万古愁"。李白酒中饮的是壮怀、豪情，是笑傲平生。尽管人生的道路坎坷多舛，但他始终充满着乐观向上的人生态度。《行路难》是一首表达他对人生理想的执着追求的诗歌。"金樽清酒斗十千，玉盘珍羞直万钱。停杯投箸不能食，拔剑四顾心茫然。欲渡黄河冰塞川，将登太行雪满山。闲来垂钓碧溪上，忽复乘舟梦日边。行路难，行路难，多歧路，今安在？长风破浪会有时，直挂云帆济沧海。"诗中说金樽玉盘的美酒佳肴无法羁绊住诗人跋涉的前进步伐，他还是要渡黄河登太行，即使人生道路上障碍重重，也要对前途充满信心，努力实现远大的抱负。在这里，李白借酒抒发心中的豪情。

（2）"醉尹"白居易

白居易，唐代著名诗人，字乐天，自号"醉吟先生""香山居士"；贞元进士，历任秘书省校书郎、左拾遗及左赞善大夫、江州司马、杭州刺史、刑部尚书。在文学上积极倡导"新乐府"运动，主张"文章合为时而著，歌诗合为事而作"，最擅长写叙事长诗，《长恨歌》《琵琶行》是其代表作。白居易家道富裕，他不但喜爱喝酒，而且爱喝美酒。白居易家有酒库，处处有酒，天天喝酒，他平生有两大爱好，一是喝酒，一是登山。他经常喝得酩酊大醉，或笑或歌，"陶陶复兀兀，吾孰知其他"。白居

（明）丁云鹏《浔阳送客图》▶

易一生写了三千多首诗，其中咏酒的就有九百多首。如果不是爱好于酒，精通于酒，兴趣于酒，他是写不出充满生活气息和浓浓情怀的酒诗的。在《酒谱》中，窦苹称白居易为"醉尹"。

白居易素来把酒、诗、乐视为最知心的三个朋友，宣称"欣然得三友，三友者为谁。琴罢辄举酒，酒罢辄吟诗。三友递相引，循环无已时"。他最为著名的叙事长诗是《琵琶行》，这首长诗诗、乐、情交映生辉。

《琵琶行》诗开始曰："浔阳江头夜送客，枫叶荻花秋瑟瑟。主人下马客在船，举酒欲饮无管弦。醉不成欢惨将别，别时茫茫江浸月。"白居易精通音律，喝酒没有音乐觉得索然无味。后来听到歌伎琵琶弹得非常美妙，开怀畅饮。"春江花朝秋月夜，往往取酒还独倾。"良时、美景、好乐助了酒兴，独自酌酒而饮。他在微醉的状态下，听了歌伎裴兴奴的演奏和诉说的身世，产生"同是天涯沦落人"的感情共鸣，连夜写出这一诗篇。

白居易不但自己喜欢喝酒，也喜欢劝别人喝酒。《劝酒十四首》是最为著名的劝酒诗，诗中力劝他人畅饮，《何处难忘酒七首》曰："何处难忘酒，长安喜气新"；"何处难忘酒，天涯话旧情"；"何处难忘酒，朱门羡少年"；"何处难忘酒，霜庭老病翁"；"何处难忘酒，军功第一高"；"何处难忘酒，青门送别多"；"何处难忘酒，逐臣归故园"。在他看来，晋升、叙旧、建功、送别、年少、老病、归故里，都离不开酒。

白居易自号"醉吟先生"，在六十七岁时，写了一篇夫子自道的《醉吟先生传》，成为酒史上不可多得的名篇：

醉吟先生者，忘其姓字、乡里、官爵，忽忽不知吾为谁也。……性嗜酒，耽琴，淫诗。凡酒徒、琴侣、诗客，多与之游。

此诗意为：有位醉吟先生，不知道姓名、籍贯、官职……他爱好喝酒、弹琴、吟诗，与酒徒、诗客、琴侣一起游乐。文章结尾说：

既而醉复醒。醒复吟，吟复饮，饮复醉。醉吟相仍，若循环然。由是得以梦身世，云富贵，幕席天地，瞬息百年，陶陶然，昏昏然，不知老之将至，古所谓得全于酒者，故自号为醉吟先生。

白居易喜欢杯中之物，本想在沉醉中忘却世间事，"陶陶然，昏昏然"，无奈"春去有来日，我老无少时"，恍惚间，"归去来兮头已白"，但他仍然今朝有酒今朝醉，"不知老之将至"。

每遇良辰美景，白居易便邀客来家，先拂酒坛，接着打开诗筐，最后捧出丝竹。于是主客开始喝酒、吟诗、操琴。旁边有家童奏《霓裳羽衣》，小伎歌《杨柳枝》，真是热闹非凡，直到大家酩酊大醉方休。

一代名流，于会昌六年（846）八月十四日，在洛阳住宅中逝世，终年75岁。河南尹卢贞刻《醉吟先生传》于石，立于墓侧。相传四方游客，知白居易平生嗜酒，前来拜墓都用杯酒祭奠，因此，墓前方丈宽的土地没有干燥的时候，由此可见，诗人是多么深得后人爱戴。

（3）"醉士"皮日休

皮日休是晚唐时期杰出的散文家和诗人，性嗜酒，称酒为"欢伯"，自号"醉士"和"醉民"，写了大量的酒诗。皮日休自称为"醉士"，自然常常醉酒。有一次独自饮酒，喝得酩酊大醉，深夜时却"醒来山月高，孤枕群书里。酒渴漫思茶，山童呼不起"。《酒谱·酒之名》："皮日休诗云：'明朝有物充君信，榴酒三瓶寄夜航。'"皮日休最著名的诗是《酒中十咏》：

酒星

谁遣酒旗耀，天文列其位。彩微尝似醅，芒弱偏如醉。
唯忧犯帝座，只恐骑天驷。若遇卷舌星，谗君应堕地。

酒泉

羲皇有玄酒，滋味何太薄。玉液是浇漓，金沙乃糟粕。
春从野鸟沽，昼仍闲猿酌。我愿葬兹泉，醉魂似兔跃。

酒笾

翠蒉初织来，或如古鱼器。新从山下买，静向瓢中试。
轻可网金醪，疏能容玉蚁。自此好成功，无贻我覼耻。

酒床

糟床带松节，酒腻肥如羖。滴滴连有声，空疑杜康语。
开眉既压后，染指偷尝处。自此得公田，不过浑种黍。

酒垆

红垆高几尺，颇称幽人意。火作缥醪香，灰为冬醴气。
有枪尽龙头，有主皆犊鼻。倘得作杜根，佣保何足愧。

酒楼

钩楯跨通衢，喧闹当九市。金罍潋滟后，玉斝纷纶起。
舞蝶傍应酣，啼莺闻亦醉。野客莫登临，相雠多失意。

酒旗

青帜阔数尺，悬于往来道。多为风所飐，时见酒名号。
拂拂野桥幽，翻翻江市好。双眸复何事，终竟望君老。

酒樽

牺樽一何古，我抱期幽客。少恐消醒酲，满拟烘琥珀。
猿窥曾扑泻，鸟蹋经欹仄。度度醒来看，皆如死生隔。

酒城

万仞峻为城，沈酣浸其俗。香侵井干过，味染濠波渌。
朝倾逾百榼，暮压几千斛。吾将隶此中，但为阍者足。

酒乡

何人置此乡，杳在天皇外。有事忘哀乐，有时忘显晦。
如寻罔象归，似与希夷会。从此共君游，无烦用冠带。

皮日休被誉为"醉士"，他自己对好酒毫不避讳，他在《自序》中述其志云："余饮至酣，徒以为融肌柔神，消沮迷丧，颓然无思，以天地大顺为堤封；傲然不持，以洪荒至化为爵赏，抑无怀氏之民乎，葛天氏之民乎？苟沉而乱，狂而身，祸而族，真蚩蚩之为也。若余者，于物无所斥，于性有所适，真全于酒者也。"他认为对于一切身外之物毫不在乎，而在于有酒适性畅怀。他还说："余之于酒得其乐。"饮酒给他带来了无限的快乐！皮日休常常借酒消除心中的烦忧，他在《奉和鲁望看压新醅》中云："酒德有神多客颂，醉乡无货没人争。"他认为在醉乡里，无争无斗。

2.《酒谱》外的文人

（1）"田园诗人"陶渊明

陶渊明是中国文学史上写饮酒诗较多的一位诗人。萧统在《陶渊明集序》中说："有疑陶渊明诗篇篇有酒。"据统计，陶渊明现存诗文 142 首，涉及酒的有 52 篇，约占总数的 37%，可见比例之高。他以"醉人"的语态或批评是非颠倒的上流社会，或反映官场的险恶，或表现自己在困顿中的烦恼和悲愤。

《饮酒二十首》是他借酒为题，对历史、对现实、对生活的感想，袒露出生命深层的本然状态和审美境界。下面抄录几首与饮酒较为密切的诗词：

其一

衰荣无定在，彼此更共之。

邵生瓜田中，宁似东陵时！

寒暑有代谢，人道每如兹。

达人解其会，逝将不复疑。

忽与一樽酒，日夕欢相持。

其三

道丧向千载，人人惜其情。

有酒不肯饮，但顾世间名。

所以贵我身，岂不在一生？

一生复能几，倏如流电惊。

鼎鼎百年内，持此欲何成！

其七

秋菊有佳色，裛露掇其英。

泛此忘忧物，远我遗世情。

一觞虽独尽，杯尽壶自倾。

日入群动息，归鸟趋林鸣。

啸傲东轩下，聊复得此生。

其十四

故人赏我趣，挈壶相与至。

班荆坐松下，数斟已复醉。

父老杂乱言，觞酌失行次。

不觉知有我，安知物为贵。

悠悠迷所留，酒中有深味。

其十九

畴昔苦长饥，投耒去学仕。

将养不得节，冻馁固缠己。

是时向立年，志意多所耻。

遂尽介然分，拂衣归田里，

冉冉星气流，亭亭复一纪。

世路廓悠悠，杨朱所以止。

虽无挥金事，浊酒聊可恃。

　　这组诗表现了作者高洁傲岸的道德情操和安贫乐道的生活情趣，以酒抒情、以酒道怀、以酒达意，表现了他的生活理想和人生追求。

有些诗人，对酒也情有独钟，写出了脍炙人口的酒诗。

（2）"诗圣"杜甫

被称为现实主义诗圣的杜甫，也写了不少好的酒诗，最著名的是《饮中八仙歌》：

知章骑马似乘船，眼花落井水底眠。

汝阳三斗始朝天，道逢麹车口流涎，

恨不移封向酒泉。左相日兴费万钱，

饮如长鲸吸百川，衔杯乐圣称避贤。

宗之潇洒美少年，举觞白眼望青天，

皎如玉树临风前。苏晋长斋绣佛前，

醉中往往爱逃禅。李白一斗诗百篇，

长安市上酒家眠。天子呼来不上船，

自称臣是酒中仙。张旭三杯草圣传，

脱帽露顶王公前，挥毫落纸如云烟。

焦遂五斗方卓然，高谈雄辩惊四筵。

这首诗描写了盛唐时期最负盛名的八名诗酒客：贺知章、李琎、李适之、崔宗之、苏晋、李白、张旭、焦遂。

杜甫在追慕这些诗客的同时，借酒表达他独自对雪、愁肠满腹："战哭多新鬼，愁吟独老翁。乱云低薄暮，急雪舞回风。瓢弃尊无绿，炉存火似红。数州消息断，愁坐正书空。"

杜甫在夔州时期，恰逢"万方多难"之际，他借诗诉说了穷愁潦倒的生活，十分悲凉。其诗《九日五首·其一》云："重阳独酌杯中酒，抱病起登江上台。竹叶于人既无分，菊花从此不须开。殊方日落玄猿哭，旧国霜前白雁来。弟妹萧条各何在，干戈衰谢两相催！"诗中表达了亲朋知交萧条零落，孤独矜寡，只听到黑猿的哀啼，白雁南来，自己抱病独酌，如何再有心情赏菊？诗人表达了他忧国忧民的情怀。

（3）"田园诗人" 王维

王维的诗，诗境秀美，"诗中有酒，酒中有画，画中有诗"，他的许多送别诗，充满深情，化作一杯醇浓的美酒，他曾作诗《送綦毋潜落第还乡》中说，"圣代无隐者，英灵尽来归。遂令东山客，不得顾采薇。既至金门远，孰云吾道非。江淮度寒食，京洛缝春衣。置酒长安道，同心与我违"。诗人对落第人，一再劝慰，再三勉励，可谓知心朋友。

(4) "醉翁"欧阳修

欧阳修除了在滁州写下著名的《醉翁亭记》外，也写了许多咏酒的诗词，他在《答圣俞莫饮酒》一诗中云："自古不饮无不死，惟有为善不可迟。"劝人少饮，及时行善。晚年的欧阳修自称"不独诗豪酒亦豪"。他曾作诗云："诗篇自觉随年老，酒力犹能助气豪。兴味不衰惟此尔，其余万事一牛毛。"饮酒、吟诗仍然是他最大的"兴味"。

(三)《酒谱》以后的诗、词、赋家品酒咏诗

《酒谱》一书写于宋代，还来不及将宋代的诗词收集进去。其实，宋词中写到酒的也不比唐诗少。其中较为突出的有以下几位：

(1) 乐观豪放的苏轼

以"东坡居士"称世的苏轼，一生坎坷，几次成为宫廷权力斗争的牺牲品，但依然乐观，豪放，他与酒更是结下了不解之缘，"身后名轻，但觉一杯之重"。他经历磨难，但心胸豁达。"酒醒还醉醉还醒——一笑人间今古"，也写了一批与饮酒相关的诗

词。他在《临江仙》中写到了被贬黄州的第三年，深秋之夜于雪堂畅饮，醉后归家的情景：

夜饮东坡醒复醉，归来仿佛三更。家童鼻息已雷鸣。敲门都不应，倚杖听江声。　　长恨此身非我有，何时忘却营营？夜阑风静縠纹平。小舟从此逝，江海寄余生。

上阕写了词人心事浩茫和孤独之情，下阕表达了无所适从的困惑和对人生的无限感伤。苏轼写饮酒的词是《水调歌头》，序言说："丙辰中秋，欢饮达旦，大醉，作此篇兼怀子由。""明月几时有？把酒问青天。"俯仰古今变迁，宇宙流转，感叹人生悲欢。

苏轼不但词中有酒，赋中也写酒，如《赤壁赋》中写："举酒属客，诵明月之诗，歌窈窕之章"，"于是饮酒乐甚，扣舷而歌之。"他与友人饮酒，吟诗，唱歌，最后尽兴而醉。"客喜而笑，洗盏更酌。肴核既尽，杯盘狼藉。相与枕藉乎舟中，不知东方之既白。"苏轼可谓是宋代的"酒仙"，亦是"词仙"。又如《念奴娇·赤壁怀古》："人生如梦，一尊还酹江月。"感叹生命之短促，人生之无常。而《定风波》则借酒表达了他无畏艰难，随性而行，超然物外的精神。

莫听穿林打叶声，何妨吟啸且徐行。竹杖芒鞋轻胜马，谁怕？一蓑烟雨任平生。　料峭春风吹酒醒，微冷，山头斜照却相迎。回首向来萧瑟处，归去，也无风雨也无晴。

他用酒表现出旷达超脱的胸襟，寄寓着超凡脱俗的人生理想。

（明）仇英《赤壁图》

（2）感时咏史的李清照

男词人爱酒赋诗，女词人也是如此。李清照是中国古代女词人中的佼佼者，而其爱酒之深，可以说不亚于李白与苏轼，她常常借酒抒发内心的快乐、烦恼和孤苦。随着人生经历的跌宕起伏，她的词也显得多姿多彩。《宋词三百首》收录李清照的七首词中，有五首写了酒。

李清照借酒感叹青春易逝。《如梦令》：

昨夜雨疏风骤，浓睡不消残酒，试问卷帘人，却道海棠依旧。知否，知否，应是绿肥红瘦。

这是一首伤春惜春的词，李清照以花自喻，感叹自己的青春易逝。可能是酒喝得多了，一夜的沉睡仍不能完全解酒。一夜的风雨之后，海棠"绿肥红瘦"，叶繁花少。

李清照借酒表达相思之情。她与丈夫赵明诚分别，怅然若失，百无聊赖，写下了《凤凰台上忆吹箫》：

香冷金猊，被翻红浪，起来慵自梳头。任宝奁尘满，日上帘钩。生怕离怀别苦，多少事、欲说还休。新来瘦，非干病酒，不是悲秋。　休休！这回去也，千万遍阳关，也则难留。念武陵人远，烟锁秦楼。惟有楼前流水，应念我、终日凝眸。凝眸处，从今又添，一段新愁。

她与丈夫离别，酒后更添离愁别苦。写《声声慢》更是满腔愁绪，在一个秋日的凄凉傍晚中，与萧瑟的秋风对饮而醉，写下了著名的《声声慢》：

寻寻觅觅，冷冷清清，凄凄惨惨戚戚。乍暖还寒时候，最难将息。三杯两盏淡酒，怎敌他、晚来风急。雁过也，正伤心，却是旧时相识。　满地黄花堆积，憔悴损，如今有谁堪摘？守着窗儿，独自怎生得黑？梧桐更兼细雨，到黄昏、点点滴滴。这次第，怎一个愁字了得！

她在《醉花阴》里道："东篱把酒黄昏后，有暗香盈袖。莫道不销魂，帘卷西风，人比黄花瘦。"李清照还借酒消愁、取乐。她也常常把酒与友人欢聚，她在《永遇乐》中写道："落日熔金，暮云合璧，人在何处？染柳烟浓。吹梅笛怨，春意知几许。"她在晚年漂泊异乡，元宵佳节，难得有"酒朋诗侣"相伴，免除了孤独和寂寞。

（3）忧国忧民的范仲淹

我们都知道范仲淹曾写了《岳阳楼记》，其中耳熟能详的是："居庙堂之高则忧其民，处江湖之远则忧其君。是进亦忧，退亦忧。然则何时而乐耶？其必曰'先天下之忧而忧，后天下之乐而乐'乎！"在范仲淹的词中，其酒词散发着满满的爱国情、思乡情、惜春情。他在《渔家傲》里写道："浊酒一杯家万里，燕然未勒归无计。羌管悠悠霜满地。人不寐，将军白发征夫泪。"他在此诗中表达了苍凉而又悲壮的爱国情。他在《苏幕遮·怀旧》中云："黯乡魂，追旅思，夜夜除非，好梦留人睡，明月楼高休独倚。酒入愁肠，化作相思泪。"在这里，他表达了思乡情怀。这首词把秋丽之景和深挚之情完美地结合在一起。

（4）婉约词人晏殊

晏殊的词风流旖旎，大多是真情的流露。他在词中描写了他的词酒生活："一曲新词酒一杯，去年天气旧亭台，夕阳西下几时回"（《浣溪沙》）；"金风细细，叶叶梧桐坠。绿酒初尝人易醉，一枕小窗浓睡。"（《清平乐》）；"劝君莫作独醒人，烂醉花间应有数。"（《木兰花》）。

（5）**饱含爱国之情的陆游**

爱国诗人陆游，一生忧国忧民，常常借酒抒发其情怀，他在《弋阳道中遇大雪》吟出了"夜听簌簌窗纸鸣，恰似铁马相磨声。起倾斗酒歌出塞，弹压胸中十万兵"的豪迈诗句，他的许多诗都没有离开过饮酒。

在宋词里，许多词句都散发着酒香，由于篇幅的关系，就不一一列举了。

文人通过酒来传达自己对友人的深挚情谊，与友人把酒言欢、消忧解闷，达到心灵间的共鸣。文人常借酒来抒发自己的豪情壮志或哀愁思绪。如曹操的"对酒当歌，人生几何"，杜牧的"借问酒家何处有，牧童遥指杏花村"等诗句，都体现了文人借酒抒怀的情怀。同时，他们也深知饮酒有节的道理。如《酒谱》中的"温克"一章就强调了饮酒有节的重要性。文人各种酒事活动中都体现了以酒会友、借酒抒怀、饮酒有节的酒道精神。

五、酒赋之典雅

赋是一种写物、抒情、言志的文学体裁，深得人们的喜爱。许多赋家借酒兴作赋，赋与酒的交融，成就了许多旷世名作。汉代的扬雄在作赋方面开了先河，写了《酒赋》，此后邹阳、王粲、曹植分别写了《酒赋》，相比而言，曹植的《酒赋》无论是思想性，还是艺术性都略高一筹，我们可再作欣赏：

余览扬雄《酒赋》，辞甚瑰玮，颇戏而不雅，聊作《酒赋》，粗究其终始。赋曰：

嘉仪氏之造思，亮兹美之独珍。嗟曲蘖之殊味，□□□□□□。仰酒旗之景曜，协嘉号于天辰。穆公酣而兴霸，汉祖醉而蛇分。穆生失醴而辞楚，侯嬴感爵而轻身。谅千钟之可慕，何百觚之足云？其味有□□亮沂，久载休名。宜城醪醴，苍梧缥清。或秋藏冬发，或春酝夏成。或云沸潮涌，或素蚁浮萍。尔乃王孙公子，游侠翱翔，将承欢以接意，会陵云之朱堂。献酬交错，宴笑无方。于是饮者并醉，纵横喧哗。或扬袂屡舞，或叩剑清歌；或嚬噈辞觞，或奋爵横飞；或叹骊驹既驾，或称朝露未晞。于斯时也，质者或文，刚者或仁；卑者忘贱，窭者忘贫。和睚眦之宿憾，虽怨仇其必亲。于是矫俗先生闻之而叹曰："噫！夫言何容易！此乃淫荒之源，非作者之事。若耽于觞酌，流情纵逸，先王所禁，君子所斥。"

建安十二年（207），曹操以"年饥兵兴，表制酒禁"颁布禁酒令，严禁酿酒、酗酒。曹操的次子曹植这篇赋写于曹操禁酒令颁布不久之后，历数酗酒的种种弊端，与禁酒令的精神相贯通。曹植这篇赋写得含蓄深婉，也反映了他"以翰墨为勋绩、辞赋为君子"的命运。

曹植的《酒赋》翻译为白话文更容易理解，其大意为：

我读了扬雄的《酒赋》，觉得言辞十分华美，但也颇为诙谐而不雅正，于是我聊作《酒赋》一篇，粗略地探究一下酒的有关历史。

仪狄的发明令人赞美，这美酒的确十分珍贵：上承酒旗星光的映耀，雅号与天星的名字相对。穆公畅饮而兴起他的霸业，高祖斩蛇也乘着酒醉。席不设醴使穆生怨怒离开了楚国，敬酒之情让侯嬴感念而自刎西归。有千钟酒量的尧舜令人钦佩，有百觚酒量的孔子又有什么值得称美？……宜城出产醇厚的美酒，苍梧酿制甘美的竹叶青。有的酒秋天酿制到冬天酒熟，有的酒春天酿制到夏日方成。有的酒如云沸潮涌，还有的酒浮着白蚁、浮萍一样的泡沫。于是王孙公子，仗义行侠，四处游历，相互娱乐，交接情谊，聚会于高入云天的朱堂。主人和嘉宾杯盏流转，忘却了礼仪和法度痛饮狂醋；同饮的人们一同烂醉，欢笑嬉闹、四处乱闯。有人举起了宽袖不住地跳，有人击起了佩剑放声高唱；有人颦蹙着眉头不肯接杯，有人举盏飞奔如同疯狂；有人感叹骊驹已驾就要退席，有人说朝露未干先别散场。此时粗鲁的人也变得斯文，刚烈的人也显得慈祥；卑微的人忘记了出身的低贱，穷苦的人忘记了日子的艰难。久积的仇怨都得到了化解，即便是宿敌此刻也欢聚对觞。于是，矫俗先生闻而叹道："咦！那谈何容易啊！饮酒是耽于逸乐，纵欲放荡的根源，这并不是酒之发明者的过错。如果沉湎于杯中之物，纵情于逸乐之间，这才是先王所禁令的、君子所指责的事情啊。"

曹植是一个爱酒、懂酒的人，从开头到"宜城醪醴，苍梧缥清"写了酒产生的历史和发展过程。其次，写了酒的功用，指出了酒具有两重性，最后发出感叹：饮酒是奢靡废乱的根源，这并不是酒的发明者的过错，关键在于饮者的人品、意志和自律。曹植的看法是客观的、正确的。

《酒赋》中的酒道精神主要体现在对酒的赞美、对饮酒礼仪的追求以及对饮酒适度的倡导上。这些精神不仅体现了古代社会对酒文化的认可和喜爱，也反映了中华民族的传统美德和礼仪之邦的风范。同时，这些精神也对我们今天的饮酒行为具有重要的指导意义和启示作用。汉代邹阳的《酒赋》中也描绘了宴飨中君臣之间的饮酒礼仪，如"君王凭玉几，倚玉屏。举手一劳，四座之士，皆若哺粱肉焉。乃纵酒作倡，倾碗覆觞"，这些描绘都体现了当时社会对饮酒礼仪的重视。这种讲求饮酒礼仪的精神，不仅有助于维护社会秩序和人际关系的和谐，也体现了中华民族的传统美德和礼仪之邦的风范。

六、酒书画之神妙

　　酒不但能够使诗人诗情勃发，写下许多神采飞扬的诗句，而且也使有的艺术家兴致高涨，尤其是有的书画家，在酒的作用下创作出许多传世之作。酒之于书画家简直是神来之笔，这些书画家往往花前酌酒，对月高歌，酒酣之后，"解衣盘礴须肩掀"，"破祖秃颖放光彩"。这是对进行醉吟、醉书、醉画创作的书画家的生动描写。许多书画大师在创作中也少不了酒，表现出狂、怪，如被称为"画痴"的顾恺之，被称为

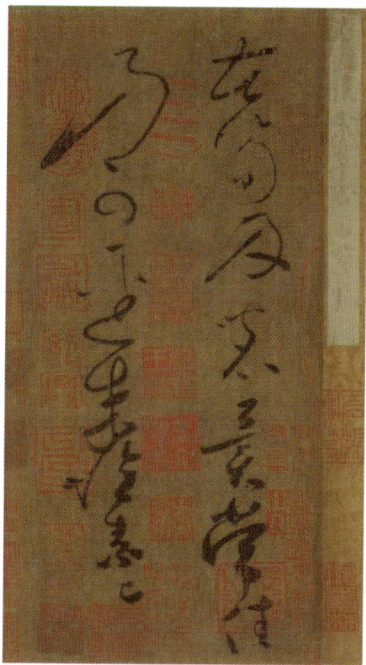

（唐）怀素《苦笋帖》

"张颠"的草圣张旭，被称为"醉素"的草狂怀素等，他们的狂、怪，不仅仅是名号上的自我狂傲，而且在创作行为、创作作品中表现出迥然而异的趣味。而这些神妙之作总是在醉颠状态中自由挥写，或信手涂抹产生的。

苏轼酒后不仅善行草，而且善画竹、石、枯木，其酒后为自绘的《枯木怪石图》题诗云："枯肠得酒芒角出，肺肝槎牙生竹石，森然欲作不可回，写向君家雪色壁。"他酒后作画，心中不平之气溢于笔端，形于画面，不仅竹石槎枒皱硬，而且枯木虬屈奇怪，虽然奇丑，却自成天趣，这是酒的催化使情感自然流露于笔端。

（宋）苏轼《枯木怪石图》（局部）

姜绍书《无声诗史》记载：明代画家吴伟，一天喝得酩酊大醉，被明宪宗派人抬到殿前当场作画，没料到画笔还没拿起，一膝先把砚台跪倒，一时墨汁四溢，皇帝心中老大不高兴，正待发作，只见吴伟用手沾起墨汁，在纸上左涂右抹，上疾下行，顷刻之间，一幅寒风声声的《松风图》跃然纸上，周围的人莫不惊诧万分，就连皇帝也不禁赞道："真仙人之笔也！"

（明）吴伟《松风图》（局部）

八大山人朱耷也以醉后泼墨见长，人们求他画画时，必须先置酒款待，乘他酒后灵感上来的机会，把预先准备好的墨汁、宣纸摆上来。朱耷一见文房四宝便手舞足蹈，欣然泼墨。有时他拿起烂扫把将渍墨一洒，摘下破帽子趁势一抹，弄得满纸肮脏不堪才肯正式捉笔渲染，霎时间就形成山林、丘壑、花鸟、竹石，想画什么就画什么，笔笔生发妙趣。朱耷自从遭受国破家亡之痛后，装哑扮傻，积忧成颠，

◀（清）朱耷
《荷石水鸟图轴》

有时伏地呜咽，有时仰天大笑，有时跳跃、号叫、痛哭，有时鼓腹而歌，混舞于市。文人艺术家经常在酒灌愁肠后将不平的遭遇和怨恨化为神奇的诗书画品，传之后世。

著名画家吴昌硕描述自己创作历程时说："余本不善画，学画思换酒：学之四十年，愈学愈怪丑。"这可以说是许多艺术大师们共同的创作道路，以艺术品换酒，复以酒催化艺术，同白居易的"吟复醉，醉复吟"一样，构成他们日常生活和创作生活的重要内容。"怪丑"对于他们来说，不是自谦，也不是自卑，而是自觉、自誉、自负，是文人名士得意忘形，风流俊赏。

书法家也常常借酒挥笔，特别是以写草书见长的书法家总是在醉酒状态下纵横驰骋、逞才使气。刘熙载在《艺概·书概》中曰："观人于书，莫如观其行草，东坡论传神，谓'具衣冠坐，敛容自持，则不复见其天'，《庄子·列御寇》篇云'醉之以酒，而观其则'，皆此意也。"刘熙载明确地指明了醉酒与行草在天趣自然、得意忘形方面的一致性，在这方面张旭、怀素就是佼佼者。

唐玄宗时期，李白诗歌、裴旻舞剑、张旭草书合称"三绝"。"草圣"张旭甚爱喝酒，每逢大醉必要写字。他写出飘逸美妙的草书，醒来后自己都觉得神奇。诗人杜甫《饮中八仙歌》称："张旭三杯草圣传，脱帽露顶王公前，挥毫落纸如云烟。"唐代诗人李颀对张旭酒中挥毫有生动的描写："张公性嗜酒，豁达无所营。皓首穷草隶，时称太湖精。露顶据胡床，长叫三五声。兴来洒素壁，挥笔如流星。"相传张旭善草书，称草圣。嗜饮，每大醉呼叫狂走，乃下笔，或以头濡墨而书，既醒自视，以为神，不可复得，人称"张颠"。张旭的许多作品，都是在大醉的状态下一蹴而就的，这种状态下的作品被称为"醉墨"，具有独特的魅力。张旭草书上承东汉张芝遗韵，体化唐法，意气所致，发而为书。

"草狂"怀素，虽出家为僧，却最喜饮"般若汤"，他不喝大醉决不出手。醉中的他不拘一格，敢创新、敢运笔，写出的字龙飞凤舞。

酒使得本来狂狷的艺术家们越发狂放，在极度狂放状态下创作的诗、书、画就显得特别的怪、奇、神。文如其人，人如其文；书如其人，人如其书；画如其人，人如其画。酒是"狂药"，酒后的艺术家处于自由的创作状态，这对墨守成规的传统艺术家来说是一种突破、解放、发展。从某种意义上说，在中国的诗、书、画这种突破、解放、发展中，酒也可算立了大功。

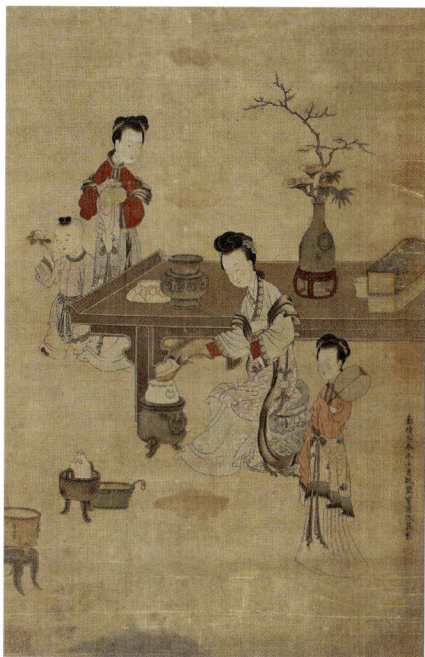

（清）仇英《煮酒图》（局部）

七、酒联之奇趣

对联是中国文学艺术的样式之一，言志寄情，妙趣横生，抑扬顿挫，上口易记。对联又具有左右对称的视觉上的装饰美，点缀气氛，意味无穷。特别是对联的文学内涵、情感内涵与书法艺术相结合，成为中国一道独特的艺术景观。酒楼假如没有遒劲隽永的酒联点缀，将会失去典雅和魅力。酒联的雅趣大致可以分为以下几大类：

（一）夸赞酒香的对联

古人说闻香识酒。酒之香来自酒体内部所含的多种微量元素，酒的酿造工艺和存放时间不一样，香气自然不同。酒之香可给人们最直观的感受，所以，从古至今赞美酒香的诗句不胜枚举。例如：

- 野花攒地出，好酒透瓶香。
- 座上客常满，缸开十里香。
- 琼浆玉液名天下，闻香不禁口流涎。

- 一杯香露落入口，千粒珍珠滚下喉。
- 三杯入腹浑身爽，一滴沾唇满口香。
- 陈酿美酒迎风醉，琼浆玉液透瓶香。
- 沽酒客来风亦醉，欢宴人去路还香。
- 远客来沽，只因开坛香十里；
  近邻不饮，原为隔壁醉三家。

（二）美化酒楼的对联

酒楼的对联有如诗化的广告，雅致、古朴，与店号、匾额、门楼珠联璧合、交相辉映。下面我们来赏析两则：

地偏山水秀；
酒绿河桥春。

这副对联是一个集句联。上联出自唐代诗人刘禹锡的古诗："地偏山水秀，客重杯盘侈。"下联出自唐代诗人李正封的《洛阳清明日雨霁》："酒绿河桥春，漏闲宫殿午。"酒馆的顾客身份多种多样，既有庄稼汉也有读书郎，而这副对联通过集句的方式，写出了酒馆周围的风景，也侧面写出了酒的醇香。可以说，看到这副对联，会让人联想到一幅美好图画，也能感受到酒的诱人之处，自然也能很好地招徕顾客。

及时行乐地，春亦乐，夏亦乐，秋亦乐，冬来寻诗风雪中，不乐亦乐。

翘首仰仙踪，白也仙，林也仙，苏也仙，我今买醉湖山里，非仙也仙；

这是杭州西湖仙乐酒楼的对联。上联是说西湖留下了很多文采风流的名人踪迹，比如说白居易、林逋、苏东坡……就算是普通人，在西湖这种地方的酒馆醉上一醉，虽然算不上仙人，却也能够体会仙气飘飘的感觉。

下联则主要从西湖的美景出发来衬托美酒。西湖春夏秋冬，四季各有美景。下联特意突出冬天"寻诗风雪中"的乐趣，体现了一种文人意味，同时也道出了酒楼的功能。毕竟冬天了，更需要喝酒暖暖身子。这也是这副对联的巧妙之处，令人拍案叫绝。

此外，还有以下几则：

- 为名忙，为利忙，忙里偷闲，且饮两杯茶去；
  劳心苦，劳力苦，苦中作乐，再拿一壶酒来。
- 东不管西不管酒管；
  兴也罢衰也罢喝罢。
- 开坛千君醉，上桌十里香；
  楼小乾坤大，酒香顾客多。

（三）劝诫不要过度饮酒的对联

有喜欢纵情喝酒的就有劝诫喝酒的，所以古人关于劝诫喝酒的对联也有很多。例如：

- 交不可滥，谨防良莠难辨；
  酒勿过量，慎止乐极生悲。
- 小酌令人兴奋；
  狂饮使人发疯。
- 盘中餐粒粒皆辛苦，弃之可惜；
  杯中酒滴滴均醇美，酌量而饮。

（四）表达人生境界的对联

壶里满乾坤，须知游刃有余，漫笑解牛甘小隐；
天下无尔我，但愿把杯同醉，休谈逐鹿属何人。

上联意思是说，壶里就是一个世界，如果懂得喝酒之道，那么处理世事也就游刃有余了，就算是隐居也能够自得其乐。游刃有余和漫笑解牛，出自《庄子·养生主》，也就是大家熟悉的"庖丁解牛"的典故。

下联的意思是说，不管是谁，喝多了酒之后都是同样的命运，那就是醉了。人在醉了的时候，大概可以不分你我，也没有那么多功利之心。逐鹿，用的是《史记》"秦失其鹿，天下共逐之"的典故，代表着人们追求的"功名利禄"。

可以说，这副对联文采飞扬，意蕴极佳，它参透了酒中三昧，让人忍不住端起一杯酒，好好喝上一口，品味悠悠酒香，让自己变得豁达。

（五）反映节日的酒联

中国的节日一开始就与酒结下不解之缘，并形成了与酒相关的风俗习惯，推动了酒文化成为地地道道的大众文化。不同节日的酒联，浓缩着独特文化记忆与情感密码，如佳酿各有滋味。

迎春酒联：贴春联是中国过春节的一个习俗，以彰显喜庆、吉祥和辞旧迎新之感。春联语言轻松欢快，常伴有大红色彩和吉祥话语，为春节增添了欢乐的气氛。如：

- 春回大地万物醒，酒满人间喜气扬。
- 觞称九酘；户纳千祥。
- 对酒歌盛世；举杯庆升平。

元宵酒联：元宵节的酒联多描绘节日的灯火辉煌和家人团聚的温馨场景。对联常常与赏灯、游园、饮酒等活动相结合，营造出浓厚的节日氛围，描绘元宵节的热闹景象。

- 春夜灯花，几处笙歌腾朗月；
  良宵美景，万家箫管乐丰年。
- 雪月梅柳开春景；
  花灯龙鼓闹元宵。

端午酒联：端午节的酒联则与纪念屈原的传统习俗紧密相关。这些对联常常提到挂艾草、包粽子、赛龙舟和饮用雄黄酒等活动，彰显了节日的独特韵味，体现了端午节的传统习俗和节日氛围。如：

- 美酒雄黄，正气独能消五毒；
  锦标夺紫，遗风犹自说三闾。
- 艾酒驱瘴千门福；
  碧水竞舟十里欢。

重阳节酒联：重阳节的酒联则充盈着秋菊的芬芳与登高的旷远情怀，与登高望远、赏菊和饮用菊花酒等活动相关。对联多描绘节日的秋高气爽和饮酒赏菊的惬意场景，表达重阳节的传统习俗和节日氛围。如：

- 登高望远秋光好，赏菊品酒乐逍遥。
- 菊花辟恶酒；汤饼茱萸香。
- 习射谈经，天高地爽；
  佩萸插菊，人寿酒香。

　　节令流转，酒联如杯盏中的月光，映照着不同节庆的情感光谱。从迎新驱寒的屠苏酒，到月夜狂欢的玉液，从雄黄祛毒到菊酒延龄，杯盏之间，我们啜饮的是流转千年的时节密码与生活况味。

（六）拆字的趣联

　　拆字联是中国传统文化的一部分，通过这种形式，能够更好地传承和弘扬中华文化。拆字联核心在于字形拆解重组，兼具形义双关之趣。拆字联有的是字形拆分，有的是字义呼应，有的是机巧智取。如：

- 酉卒是醉，目垂是睡。吕洞宾高卧岳阳楼，不知他是醉还是睡；
  　　月半为胖，月长为胀，老夫人怀抱大肚子，谁识彼肚胖或肚胀。

- 水凉酒，一点水，两点水，三点水；
  丁香花，百字头，千字头，万字头。
- 踢倒磊城三块石，剪断出字两重山。

（宋）朱锐《春社醉归图》（局部）

236

八、酒典之韵味

典故是指典制和掌故，是诗文等所引用的古书中的故事或词句。中国的典故内涵丰富，蕴含着生动有趣的故事和意味深长的哲理，具有言简意赅的效果。有关酒的典故都是来自历史故事和典籍。粗略地统计有几十种之多，这里列举一些常见的：

（一）"酒兵"

这一典故见《南史·陈暄传》。南朝陈暄嗜酒，每饮必醉。家人劝他少饮一点儿，他说："酒犹兵也，兵可千日而不用，不可一日而不备。酒可千日而不饮，不可一饮而不醉。"唐代唐彦谦《无题十首》："忆别悠悠岁月长，酒兵无计敌愁肠。"陈暄把喝酒比喻为养兵，"养兵千日，用在一时"，似乎有点儿道理。不过，酒是兵，人是帅，兵应听从帅的指挥，酒还是适度饮用为好。

（二）"曲秀才"

这一典故见唐代郑綮《开天传信记》，讲的是唐代有一道士叶法善与一群官员相聚，大家正想喝酒时，突然走进一年轻人，自称曲秀才，高谈阔论，许久站起，如风一般忽然不见人影，法善以为是妖魅，等曲秀才再次出现时，就用剑刺他，此人却化为酒瓶，美酒盈瓶，其味甚佳，坐客皆醉，对酒瓶敬称道："曲生风味，不可忘也。"此后，"曲生"或"曲秀才"成了酒的代名词。明代杨慎在《沁园春·己丑新春》词中写有："寂寥谁与徘徊？好事者、惟输曲秀才。"这个传说主要是依据酿酒要投曲发酵而编的，意在说明好酒来自好曲。

（三）"山公倒载"

这一典故来自一个历史故事，说的是晋朝山简嗜酒，他镇守襄阳时常约朋友游览高阳池，每次喝酒都喝得烂醉如泥，常让随从用轿子抬回家，而且喜欢倒着坐，当时人们用"山公倒载"来形容醉鬼，有时也表达一种洒脱之情。

（四）"持螯把酒"

这一典故出自《世说新语·任诞》，是描述秋季里吃蟹饮酒的乐趣，形容开怀畅饮，无所顾忌。古人认为持螯把酒是人生一大乐事。

（清）任伯年《把酒持螯图》

（五）"高阳酒徒"

这一典故形容好饮而狂放不羁的人，出自《史记·郦生陆贾列传》。

（六）"卜昼卜夜"

这一典故形容不分昼夜地饮酒作乐，没有节制；

出自《左传》。

（七）"金貂换酒"

这一典故形容不拘礼法，恣情纵酒；出自《晋书》。

（八）"瓮间吏部"

这一典故指嗜酒成癖、放诞不拘礼俗的人；出自《世说新语·任诞》。

（九）"醇酒妇人"

这一典故原指沉溺于酒色，后常用于形容腐化颓废的生活；出自《史记·魏公子列传》。

（十）"五斗解酲"

这一典故形容纵情饮酒，放浪不羁。意思是以五斗酒来解酒病，比喻非常荒谬；出自《世说新语·任诞》。

与酒相关的成语也很多，比如杯中之物、青梅煮酒、灯红酒绿、琼浆玉液、酒囊饭袋、如醉如痴。细细数来，不胜枚举。

这些带"酒"的成语，有的反映了"酒之礼"，即以酒作祭祀，如"斗酒只鸡""只鸡絮酒"；有的表现了"酒之交"，也就是酒的交际功能，如"醉酒饱德""醴酒不设"；有的则是表达"酒之乐"，如"酒酣耳热""对酒当歌"；有的又是写"酒之醉"，如"酩酊大醉""我醉欲眠"；还有的是指出"酒之误"，也就是过分沉湎于酒而带来的负面效应，如"花天酒地""醇酒妇人"。而更多的则是以酒设喻，借以说明某种事理，如"乞浆得酒"是形容得到的比期望的还要多、要好；"以酒解酲"是比喻治病或除弊的方法不对头，反使弊病加深；"饣甫糟歠醨"则是说放弃了原则，转而同流合污，等等。有意思的是，有的成语表面上看虽然不带"酒"字，但含义上却是"酒气袭人"。如有的是因与酿酒之物有关而使人想到了酒，如"糟糠之妻"；有的是通过动作、状态表示了酒，如"浅斟低唱"；还有的是以美好的形质来指称酒，如"交杯换盏""移樽就教""一觞一咏""觥筹交错""飞觞举白""浮一大白"等。因篇幅的关系就不一一细讲了。

结　语

酒是上天赐予人类的神品，是大地催生的物品，是人类智慧创造的饮品，是天时地利人和的产物。酒的酿造要有好料、时曲、美器、好水以及适中的火候，酒的品尝，要有良辰、美景、知己、美器，要观色、闻香、品味。

品酒有三种境界：第一个境界是养生健身，促进人身气脉通畅；第二个境界是传递情感，增进友情；第三个境界是寄托理想，感怀人生，放飞思想。

中国酒道的内涵大致可以概括为以下五个方面：

第一，酒道既是健康之道，又是快乐、优雅的生活之道。酒是粮食的精华，适宜饮用可以畅通血脉，可以解乏、御寒、调味，但要用得适时适量，才能健体养生。同时，"酒以为乐"，饮酒乃是人生一大乐事，上至国家庆典，下至百姓家宴，无酒不成欢。古人称酒为"欢伯"，是因为酒无贵贱之分，华夏戎夷，共甘而乐。

《礼记·乐记》曰"酒食者，所以合欢也"，享受快乐的生活假如没有酒，总会觉得缺少一点儿东西。元朝刘诜写了一首《饮酒有何好》的诗，讲了饮酒之乐：

> 饮酒有何好，但取愁可消。
> 古人不造酒，天地皆是愁。

爱国诗人陆游，处在战乱的年代，力主抗金，遭到主和派的打压，郁郁不得志，借酒消愁，他在《对酒》中抒发愁绪：

> 闲愁如飞雪，入酒即消融。
> 好花如故人，一笑杯自空。

酒成为陆游解忧、消愁、致乐的物品。

第二，酒道既是情感表达之道，又是礼仪规范之道。人生在世，人人都具有与生俱来的两种情感——欢乐与忧愁，而酒的神奇之处在于满足人这两种情感需要，既可以使人畅怀，又可以使人抒愁。酒是一味

"兴奋剂"，"乐"需要"礼"的约束，使人处于"中和"的状态，故"酒"以"礼"为节，以"礼"防乱。《左传·庄公二十二年》云："酒以成礼。"《汉书·食货志》引鲁匡语云："百礼之会，非酒不行。"可见，酒礼之成由来已久。在中国，"祭必酒，酒必祭"，无酒不成礼，酒成为人际交往、社会活动的媒介。"酒以为乐"与"酒之成礼"成为酒道的两大基石。酒是联络感情的媒介，随之产生了一整套礼仪规范，为此，对酒的享用既要有情，又要有礼有节。

第三，酒道是艺术创作之道，又是灵感想象力发挥之道。文人以酒启动文思，在微醺的状态下，灵感呈现，妙悟连连，笔下生花，一蹴而就。李白"斗酒诗百篇"，王羲之微醺写出"天下第一行书"《兰亭集序》，曹雪芹"满径蓬蒿老不华，举家食粥酒常赊"写出文学经典《红楼梦》，酒诗、酒联、酒令、酒的典故、酒的成语，绚丽夺目，蔚为大观。张说在《醉中作》中写道：

醉后乐无极，弥胜未醉时。
动容皆是舞，出语总成诗。

微醉之时人才思敏捷，手舞足蹈，出口成章。于是，诞生了美文、画作、音曲、书法等经典作品。

第四，酒道是审美情趣之道，又是精神境界之道。酒道讲究"品正""酒陈""器美""令雅"。"品正"除酒品外，还包括艺品和人品，品正是进入酒道的第一道门槛，是饮者个人素养的真实流露，也是酒品文化的真实展示；"酒陈"是醇厚的酒味，让人回味无穷；"器美"是对酒器制造工艺的欣赏；"令雅"则是艺术娱乐活动的欣赏和享受。同时，酒是抒发豪情壮志，表达心愿，激发才情，增进友谊，追求圆满的饮品，具有丰富的人文精神，展示了高远的精神境界。

第五，酒道是养生之道，又是生命的体悟之道。酒具有防疫、疗伤、养生的功能，适度饮酒有利于强身健体，同时，酒又渗透到人的血液之中、人的精神世界中，给人的生命注入了活力、体悟。酒精的刺激使人的肠胃与大脑，生理与心理，食欲与情趣，物质与情感产生了碰撞、融合；特别是当喝到处于酣畅淋漓的阶段，处于非醒、非醉的状态，使意识处于自由、本真之中，感受、体验、回味现实人生的酸甜苦辣、悲欢离合。酒，使生命中的情绪和情感得到自由挥洒，使人进入忘我之境，生与死、醒与醉交织成一支雄浑盛大的人生交响曲，唤起人类强烈的生命意识。如果说，茶使人的心灵进入安静、清雅的状态，酒则是使人的心灵进入自由、挥洒的状态，两者同样是生命不可缺少的东西。

中国酒道的核心精神是天地人和，养性怡情，温克礼敬，旷达人生。在此"道"的基础上建立起中和之德、谦敬之礼、高雅之艺，这是中国酒道之要义。

酒是越酿越陈，越陈越醇。人生如一壶醇酒，苦涩酸甜辣，五味俱全。不经意间，人生已经从中年迈进了晚年，一路走来，百转千回，品尝了人生如酒之五味。陶渊明在《归去来兮辞》中说："悟已往之不谏，知来者之可追。"过去的不必悔，未来的不必忧，当下才是一杯醇厚独特的好酒。让我们享受今天，创造更加美好的明天！

参考文献

［1］（宋）窦苹著，石祥编著：《酒谱》，北京：中华书局 2010 年版。

［2］（宋）朱肱著，高建新编：《酒经》，北京：中华书局 2011 年版。

［3］晓红编著：《中华一壶酒：酒的故事（插图本）》，北京：中国林业出版社 2007 年版。

［4］马美惠编著：《今朝放歌须纵酒·酒文化卷》，北京：北京工业大学出版社 2013 年版。

［5］木空：《中国人的酒文化》，北京：中国法制出版社 2014 年版。

［6］万伟成、丁玉玲：《中华酒经》，天津：百花文艺出版社 2008 年版 。

［7］李世化：《酒文化十三讲》，北京：当代世界出版社 2019 年版。

［8］董飞主编：《中华酒典》，北京：线装书局 2010 年版。

［9］徐新建：《醉与醒——中国酒文化研究》，西安：陕西师范大学出版总社 2019 年版。

［10］（清）蘅塘退士编选，盖国梁等注评：《唐诗三百首（图文本）》，上海：上海古籍出版社 2011 年版。